高等学校计算机专业核心课

名师精品·系列教材

数据库系统原理

习题解析与实验指导

林子雨 **主编**

郑宇辉 张琦 苏淑文 **副主编**

THE PRACTICE AND EXPERIMENT FOR DATABASE SYSTEM PRINCIPLES

人 民 邮 电 出 版 社

北 京

图书在版编目（CIP）数据

数据库系统原理习题解析与实验指导 / 林子雨主编. 北京 : 人民邮电出版社, 2025. -- (高等学校计算机专业核心课名师精品系列教材). -- ISBN 978-7-115-57564-7

Ⅰ. TP311.13

中国国家版本馆 CIP 数据核字第 2025T5J075 号

内 容 提 要

本书是《数据库系统原理（微课版）》的配套教材，共 14 章，和主教材各章一一对应，涵盖关系数据库、NoSQL 数据库、云数据库与数据仓库等数据库技术，以及 SQL 与大数据的相关内容。本书旨在通过一系列精心设计的习题和实验项目，让学生在动手实践中掌握数据库设计、SQL 查询、数据库编程及 NoSQL 数据库应用等核心技能，全面提升数据库系统的综合应用能力。

本书可作为计算机及相关专业数据库原理相关课程的教辅用书。

◆ 主　　编　林子雨
副 主 编　郑宇辉　张　琦　苏淑文
责任编辑　孙　澍
责任印制　胡　南

◆ 人民邮电出版社出版发行　　北京市丰台区成寿寺路 11 号
邮编　100164　　电子邮件　315@ptpress.com.cn
网址　https://www.ptpress.com.cn
北京市艺辉印刷有限公司印刷

◆ 开本：787×1092　1/16
印张：12.5　　2025 年 7 月第 1 版
字数：304 千字　　2025 年 7 月北京第 1 次印刷

定价：49.80 元

读者服务热线：(010) 81055256　印装质量热线：(010) 81055316
反盗版热线：(010) 81055315

前言

在数据爆炸式增长的大数据时代，数据库系统作为信息管理的基石，重要性不言而喻。随着技术的飞速发展，从经典的关系数据库到新兴的 NoSQL 数据库，数据库系统正经历着前所未有的变革。《数据库系统原理（微课版）》于 2024 年 4 月出版，不仅系统阐述了关系数据库的经典理论，还引入了 NoSQL 数据库的前沿知识，为学习者搭建了一座连接传统与未来的桥梁。

为了深化理论理解，强化实践能力，厦门大学信息学院实验教学中心的资深工程师团队精心编写了这本配套实验教材。团队成员林子雨老师从 2016 年开始担任厦门大学计算机系本科生"数据库系统原理"课程的主讲教师，其主讲的数据库课程获得了学生的高度认可；团队成员郑宇辉、张琦、苏淑文老师作为实验教学人员，多年以来一直担任林子雨老师数据库实验课程的实验老师，负责制作数据库课程实验教学资源，并在实验上机课堂上给本科生答疑解惑。

本书旨在通过一系列精心设计的习题和实验项目，让学生在动手实践中掌握数据库设计、SQL 查询、数据库编程及 NoSQL 数据库应用等核心技能。实验内容紧密贴合理论教材，既覆盖关系数据库的经典操作，又涵盖 NoSQL 数据库的独特特性，确保学生能够将理论与实践结合，全面提升数据库系统的综合应用能力。

本书共 14 章，和主教材《数据库系统原理（微课版）》各章一一对应。林子雨负责组织协调、内容规划、统稿、校稿等工作，郑宇辉负责撰写第 4、6 和 11 章，张琦负责撰写第 8、9、10、12、13、14 章，苏淑文负责撰写第 1、2、3、5、7 章。

本书的官方网站是 https://dblab.xmu.edu.cn/post/database-experiment/，提供了与本书配套的软件、代码、数据集等资源。

我们相信，通过这本实验教材的辅助，学生能更好地理解数据库技术的精髓，掌握解决实际问题的能力，为未来的学习和职业生涯奠定坚实的基础。让我们携手并进，在数据库技术的广阔天地中探索、创新、成长！

编者
厦门大学数据库实验室
2024 年 10 月

CONTENTS 目录

目录 CONTENTS

第 1 章
数据库概述

《数据库系统原理（微课版）》一书以“数据库概述”为开篇，带领读者踏入数据库技术的精彩世界。该书第 1 章深入浅出地阐述了数据库技术的核心概念，包括数据、信息、数据管理、数据库以及数据库管理系统等，并简要介绍了数据库技术的发展历程与现状。该书第 1 章内容有助于读者形成对数据库技术的初步认识，激发读者深入研究数据库技术的兴趣和热情。

1.1 基本知识点

《数据库系统原理（微课版）》第 1 章的学习重点在于数据库技术相关基础概念与基础知识的掌握。需要掌握和了解的具体知识点如下。

- 掌握数据与信息的概念和关系，了解数据在当前社会的重要价值。
- 掌握数据库系统的组成，了解各个子系统在其中所起的作用；掌握数据库系统具备的数据结构化、数据共享性高、数据独立性高和数据控制能力强的特点；了解数据库内外体系结构。初学者往往较难理解三级模式结构、数据（物理与逻辑）独立性、二级映像等内容，建议先进行知识层面的了解，通过对后续章节的学习，结合案例与实验，再回头体会此部分重点与难点知识。
- 了解数据管理技术发展主要经历的人工管理、文件管理和数据库管理这 3 个阶段及其特点，通过比较，体会数据库管理的优势和数据库技术出现与发展的必然性。
- 了解数据库管理系统的主要功能，并通过实验完成 SQL Server 的安装和基本功能的应用，从而更好地感受数据库管理系统的优势，为今后数据库技术的实践奠定应用基础。
- 了解数据库技术发展过程中出现的网状数据库、层次数据库，了解关系数据库技术的优势，以及“后关系数据库时代”主要有哪些重要的数据存储与管理模式。同时，了解数据库领域出现的杰出人才与他们的贡献。

1.2 习题

1.2.1 单选题

1. 数据库的特点之一是数据共享，这里的数据共享是指什么？（ ）
   A. 多个应用、多种计算机语言、多个用户相互覆盖地使用数据集合
   B. 多个用户使用同一种计算机语言共享数据
   C. 多个用户共享同一个数据文件中的数据
   D. 同一个应用中的多个程序共享一个数据集合
2. 数据库系统的核心是什么？（ ）
   A. 数据库　B. 应用程序
   C. 用户　D. 数据库管理系统
3. 以下哪位科学家被誉为“关系数据库之父”？（ ）
   A. 查尔斯・巴赫曼　B. 埃德加・科德
   C. 詹姆斯・格雷　D. 迈克尔・斯通布雷克
4. 数据库（DB）、数据库系统（DBS）和数据库管理系统（DBMS）之间的关系是什么？（ ）
   A. DB 包括 DBS 和 DBMS　B. DBMS 包括 DB 和 DBS
   C. DBS 包括 DB 和 DBMS　D. DBS 就是 DB，也就是 DBMS
5. 数据库系统的三级模式结构包括哪 3 个层次？（ ）
   A. 内模式、中模式、外模式　B. 模式、外模式、用户模式
   C. 概念模式、逻辑模式、物理模式　D. 内模式、模式、外模式

1.2.2 多选题

1. 以下对数据与信息之间关系的描述正确的有哪些？（ ）
   A. 数据是信息的载体　B. 信息是数据的载体
   C. 数据经过分析后得到信息　D. 数据等同于信息
2. 数据管理的发展经历了哪 3 个阶段？（ ）
   A. 人工管理　B. 图表管理
   C. 文件管理　D. 数据库管理
3. 以下哪些选项属于数据库管理系统的主要功能？（ ）
   A. 数据定义功能　B. 数据查询功能
   C. 数据存储功能　D. 数据挖掘功能
4. 以下哪些选项属于数据库系统的特点？（ ）
   A. 数据独立性高　B. 数据冗余度高
   C. 数据共享性高　D. 数据结构化
5. 关于数据库中的二级映像功能与数据独立性，以下哪些说法是正确的？（ ）
   A. 二级映像保证了数据库系统中的数据能够具有较高的逻辑独立性和物理独立性
   B. 同一个模式可以有任意多个外模式

C. 当模式改变时，由数据库管理员对各个外模式/模式的映像做相应调整，可以使外模式保持不变

D. 应用程序是根据数据的外模式编写的，不用修改，保证了数据与程序的物理独立性

1.2.3 判断题

1. 数据经过适当的处理和分析后，可以转换为有用的信息。(　　)
2. 数据库的三级模式结构中，内模式可以有多个。(　　)
3. 数据库的逻辑独立性是指当数据的逻辑结构改变时，应用程序不需要改变。(　　)
4. 在数据库的三级模式结构中，外模式是用户能看到的数据库的数据视图。(　　)
5. 数据库管理系统的核心是数据模型，它定义了数据的结构、组织方式和存储机制。(　　)

1.2.4 填空题

1. 在数据库系统中，________负责数据的存储、检索和维护。
2. 分布式数据库系统将数据分布在多个________上，以实现数据的共享和协同处理。
3. 在文件管理阶段，数据以________为单位进行存储和管理。
4. 数据库管理系统是________和________之间的接口。
5. 在数据库系统中，数据的________是指用户可以在不改变数据逻辑结构的情况下，改变数据的存储方式和物理结构。

1.2.5 简答题

1. 简述数据与信息之间的关系。
2. 数据库系统的外部体系结构有哪些类型?
3. 列举数据管理经历的 3 个阶段，并简要说明每个阶段的特点。
4. 描述数据库系统的内部体系结构，并解释外模式、模式和内模式的作用。
5. 与网状数据库、层次数据库相比，关系数据库具有什么优点?

1.3 习题答案与解析

1.3.1 单选题答案与解析

1. 答案：A

解析：选项 A 准确地阐述了数据库数据共享的含义。

2. 答案：D

解析：数据库管理系统是数据库系统的核心，它负责数据库的建立、使用和维护。

3. 答案：B

解析：埃德加·科德提出了关系数据模型，为现代数据库技术奠定了基础。

4. 答案：C

解析：数据库系统由数据库、数据库管理系统、应用开发工具、应用程序、数据库管理员和用户组成。

5. 答案：D

解析：数据库系统的三级模式结构包括内模式（描述数据的物理存储结构）、模式（描述数据的全局逻辑结构）和外模式（描述数据的局部逻辑结构）3 个层次。

1.3.2 多选题答案与解析

1. 答案：A、C

解析：数据是信息的表现形式和载体，信息则是数据的内涵和解释，它们并不等同，而数据的价值主要体现在其经过分析和处理得到的信息和知识上。

2. 答案：A、C、D

解析：数据管理的发展经历了人工管理、文件管理和数据库管理 3 个阶段，图表管理不属于这 3 个阶段之一。

3. 答案：A、B、C

解析：DBMS 通常不负责数据挖掘，而定义、查询与存储数据都属于 DBMS 的主要功能。

4. 答案：A、C、D

解析：数据库系统的主要目标是减少数据冗余，提高数据的独立性，为更多系统和用户提供服务；通过结构化数据确保数据的完整性和一致性。

5. 答案：A、B、C

解析：D 选项中，应用程序是根据数据的外模式编写的，保证了数据的逻辑独立性，而不是物理独立性。物理独立性是指当数据库的物理存储结构发生变化时，应用程序不需要修改。其他说法正确。

1.3.3 判断题答案与解析

1. 答案：（√）

解析：这是对数据和信息之间关系的基本描述。数据经过处理和分析可以转换为有价值的信息。

2. 答案：（×）

解析：在数据库的三级模式结构中，内模式（物理模式）是唯一的，它描述了数据的物理存储细节。

3. 答案：（√）

解析：逻辑独立性是指当数据库的逻辑结构（模式）发生变化时，应用程序不需要改变。这是因为应用程序是通过外模式与数据库交互的，只要外模式保持不变，应用程序就能保持不变。

4. 答案：（√）

解析：外模式是数据库用户能看到的数据视图，定义了用户能够访问的数据以及用户可以对这些数据进行的操作。用户通过与外模式的交互来访问数据库。

5. 答案：（√）

解析：数据模型是数据库管理系统的基础，它定义了数据的结构、组织方式和存储机制。

1.3.4 填空题答案

1. 数据库管理系统（或 DBMS）
2. 节点（或站点、物理位置）
3. 文件
4. 用户，数据库（答案顺序可以调换）
5. 物理独立性

1.3.5 简答题参考答案

1. 参考答案

数据与信息是相互联系的，数据是原始的事实和数值，而信息是经过处理、分析和解释的数据，具有实际意义和用途。数据是信息的来源，信息是数据加工后的产物，数据是信息的具体表现形式和载体，信息则是数据的内涵。

2. 参考答案

数据库系统的外部体系结构主要有集中式结构、主从式结构、分布式结构、客户端/服务器结构、浏览器/应用服务器/数据库服务器结构、并行结构、云结构等。

3. 参考答案

数据管理经历了 3 个阶段：人工管理阶段、文件管理阶段和数据库管理阶段。人工管理阶段的特点是数据不保存，没有专门的数据管理软件；文件管理阶段的特点是数据可以长期保存，但数据冗余度高，数据共享性差；数据库管理阶段的特点是数据结构化，数据共享性高，数据冗余度低，数据独立性高，并提供了统一的接口。

4. 参考答案

数据库系统的内部体系结构通常包括外模式、模式和内模式三级结构。外模式是用户与数据库系统的接口，是用户看到的数据结构，它定义了用户可以访问的数据；模式是数据库的逻辑结构，定义了数据库中数据的组织方式，是数据库管理员的视图；内模式是数据库的物理结构，定义了数据在存储介质上的存储方式，是数据库系统内部的表示。

5. 参考答案

与网状数据库、层次数据库相比，关系数据库的优点包括数据结构清晰、易于理解，数据一致性高，数据安全性高，查询性能强，标准化和具有通用性，以及数据备份和恢复简单等。

1.4 实验 1：SQL Server 的安装与 SSMS 的应用

1.4.1 实验目的

（1）掌握 SQL Server 与 SQL Server Management Studio 的安装方法。

（2）掌握 SQL Server 的服务启停与连接服务器的方法。

（3）了解 SQL Server 系统数据库，掌握通过工具创建用户数据库的方法，以及通过工具创建数据库表与编辑数据的方法。

（4）掌握使用工具备份、删除与还原数据库的方法，掌握备份数据库文件与附加数据库的方法。

1.4.2 实验平台

（1）操作系统：Windows 7 及以上。

（2）DBMS：SQL Server 2022 Express。

（3）数据库管理工具：SQL Server Management Studio 19。

1.4.3 实验内容

1. 下载并安装 SQL Server 2022 Express

【参考答案】

SQL Server 2022 Express 是 SQL Server 的一个免费版本，适用于桌面、Web 和小型服务器应用程序的开发和生产。本书实验 1 到实验 4 选用该产品作为实验平台。以下是安装该产品需要的硬件环境、软件环境与网络要求。

（1）硬件环境：内存容量要求 1 GB 及以上，硬盘容量要求 20 GB 及以上。

（2）软件环境：操作系统要求 Windows 7 及以上，需要包含最低版本.NET 框架，操作系统需要内置网络软件，支持共享内存、命名管道和 TCP/IP。

（3）网络要求：需要能够连接互联网。

从 SQL Server 官网找到 SQL Server 2022 Express 版本的下载区域，下载得到安装文件 SQL2022-SSEI-Expr.exe，双击开始 SQL Server 2022 Express 的安装。

进入安装界面后，需要选择安装类型（见图 1-1）。“基本”类型仅有核心的 SQL Server 数据引擎，建议初学者选择此类型，以免被其他更复杂的功能干扰。“自定义”类型更适合有一定数据库应用与管理经验的使用者，也可用于为“基本”类型补充更多的 SQL Server 功能。这两种类型都需要联网，而“下载介质”类型是把所有的安装程序下载到本地后再安装。

图 1-1 SQL Server 安装类型选择

安装类型确定后,"接受" SQL Server 许可条款,进入图 1-2 所示的界面,指定 SQL Server 的安装位置。从图 1-2 可知,安装程序需占用 282MB 的空间,默认安装在系统盘,读者可以根据自己计算机的情况修改安装位置,单击"安装"按钮。

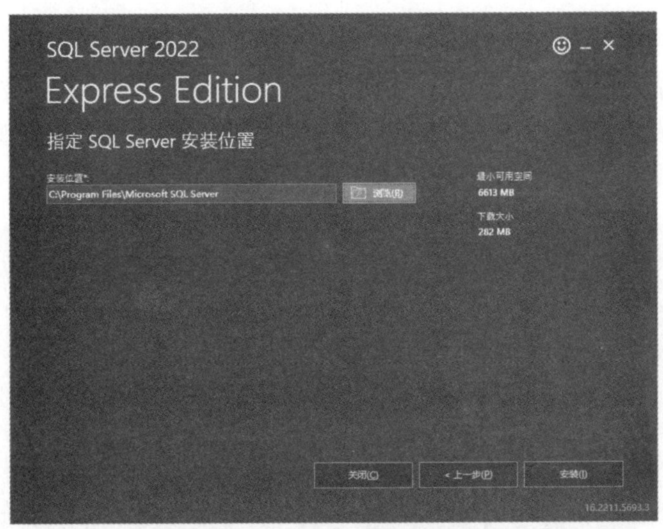

图 1-2 SQL Server 安装位置指定

系统开始下载和安装 SQL Server(见图 1-3),受网络条件和计算机条件影响,该过程可能占用较长时间。

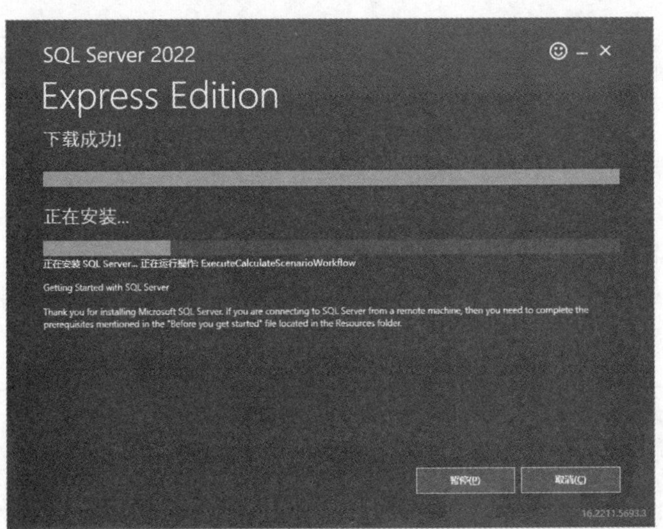

图 1-3 SQL Server 下载与安装

安装完成后,进入图 1-4 所示的界面。从界面左侧的显示内容可知,SQL Server 数据库的实例名为"SQLEXPRESS",SQL 管理员是当前安装 SQL Server 的 Windows 用户,目前已安装的功能是 SQLENGINE。界面右侧的"连接字符串"告诉我们,默认连接到 localhost 下的 SQLEXPRESS 实例,默认的数据库是系统数据库 master,是可信任的连接。此外,还可以从安装日志文件夹里查看本次的安装日志,从而更全面地了解安装过程的各种信息;安装媒体文件夹和安装资源文件夹也方便我们查看对应内容。

数据库实例（Instance）是个很重要的概念，这里默认名称为“SQLEXPRESS”的 SQL Server 实例是数据库引擎的一个运行实例，它包括 SQL Server 用于处理数据库请求所需的内存和进程。每个 SQL Server 实例都有自己的（不与其他实例共享的）系统数据库和用户数据库。

注意区分实例与数据库服务器这两个概念。数据库服务器是运行数据库管理系统的计算机或计算机集群，是运行 SQL Server 软件的物理或虚拟计算机。以上安装过程是在当前数据库服务器下安装名为“SQLEXPRESS”的数据库实例。一个数据库服务器可以安装多个不同名称的数据库实例。

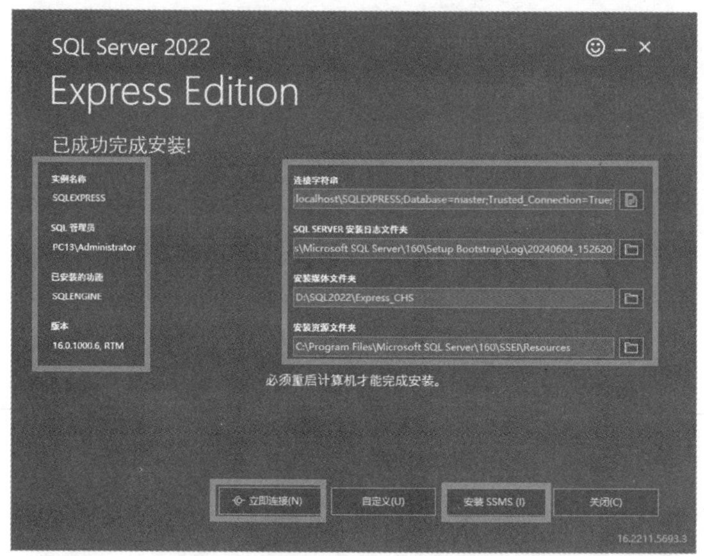

图 1-4　SQL Server 安装完成界面

图 1-4 所示界面中的提示信息显示，必须重启计算机才能完成安装。在重启之前，可以单击“立即连接”按钮，打开图 1-5 所示的 SQL 命令提示符窗口，通过“select @@Version”命令获取当前版本号，如果版本号获取成功，则意味着数据库连接成功。单击“自定义”按钮可以个性化安装 SQL Server 的其他功能，而单击“安装 SSMS”按钮将打开 SQL Server 官网，以便安装 SSMS。

```
SQLCMD
--
-- run below command from command prompt
-- sqlcmd -S PC13\SQLEXPRESS -E
--

select @@Version
go

------------------------------------------------------------------------------------------------
------------------------------------------------------------------------------------------------
--------------------------------------------------
Microsoft SQL Server 2022 (RTM) - 16.0.1000.6 (X64)
        Oct  8 2022 05:58:25
        Copyright (C) 2022 Microsoft Corporation
        Express Edition (64-bit) on Windows 10 Pro 10.0 <X64> (Build 19045: )

(1 行受影响)
1> A
```

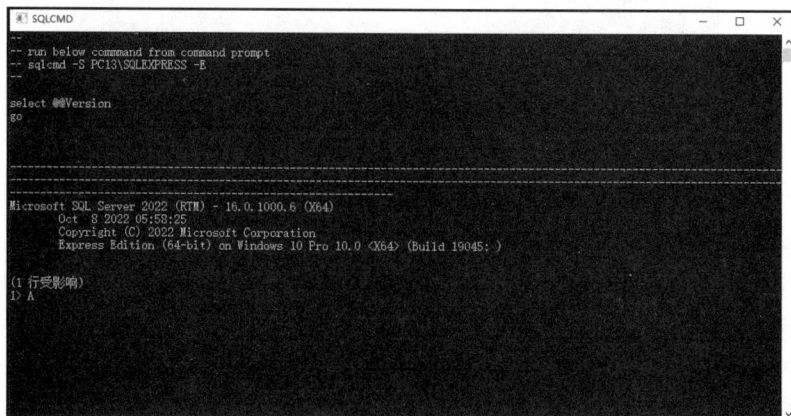

图 1-5　SQL 命令提示符窗口

2. 下载并安装 SQL Server Management Studio 19.3

【参考答案】

SQL Server Management Studio（以下简称 SSMS）提供了用于配置、监视和管理 SQL Server 和数据库实例的工具，SQL Server 用户可以使用 SSMS 部署、监视和升级应用程序使用的数据层组件，以及生成查询和脚本。

打开 SQL Server 官网，进入 SSMS 下载页面，获得 SSMS-Setup-CHS.exe 安装程序。安装过程简单快捷，无相关设置，此处不详细介绍。

重启计算机后，整个实验环境基本搭建完成。

3. 查看 SQL Server 菜单组件

【参考答案】

安装 SQL Server 后，Windows 的“开始”菜单会添加图 1-6（a）所示的菜单项，后续可以使用它们对 SQL Server 进行重新安装或卸载、导入/导出数据、配置管理等操作。安装 SSMS 后，Windows 的“开始”菜单会添加图 1-6（b）所示的菜单项。这里的“SQL Server Management Studio 19”就是 SSMS 的入口。

(a) 安装 SQL Server 后新增的菜单项

(b) 安装 SSMS 后新增的菜单项

图 1-6　SQL Server 菜单组件

4. 启动和停止 SQL Server 服务

【参考答案】

SQL Server 的数据库引擎可以作为 Windows 操作系统的一个服务程序来运行。这种方式对提高数据库服务的稳定性、可靠性和管理的高效性很有帮助：SQL Server 可以自动启动，在后台持续运行，且不受用户登录状态影响，为多客户端提供数据库服务；Windows 为其配置访问权限和进行身份验证，从而提供额外的安全保障；SQL Server 服务可以帮助操作系统更有效地管理系统资源，从而优化内存和处理器。

启动和停止 SQL Server 服务主要有以下 3 种方式。

方式一：在 Windows 的“运行”对话框输入“services.msc”命令并执行，打开“服务”窗口（或通过其他方式打开“服务”窗口），找到并右击 SQL Server(SQLEXPRESS)服务，打开图 1-7 所示的服务属性对话框。可以看到，启动类型有 4 种，用户可以根据需要做选择，单击“启动”或“停止”按钮，将启动或停止名为“SQLEXPRESS”的 SQL Server 服务。

方式二：通过 SQL Server 配置管理器启停服务。单击图 1-6（a）所示的“SQL Server 2022 配置管理器”，打开图 1-8 所示的窗口。从左侧列表中选择“SQL Server 服务”，右侧将展示当前 SQL Server 的所有相关服务，右击 SQL Server(SQLEXPRESS)服务，在弹出的菜单中选择“启动”或“停止”菜单项，将启动或停止名为“SQLEXPRESS”的 SQL Server 服务。请注意：服务名称和显示名称可能不一致。

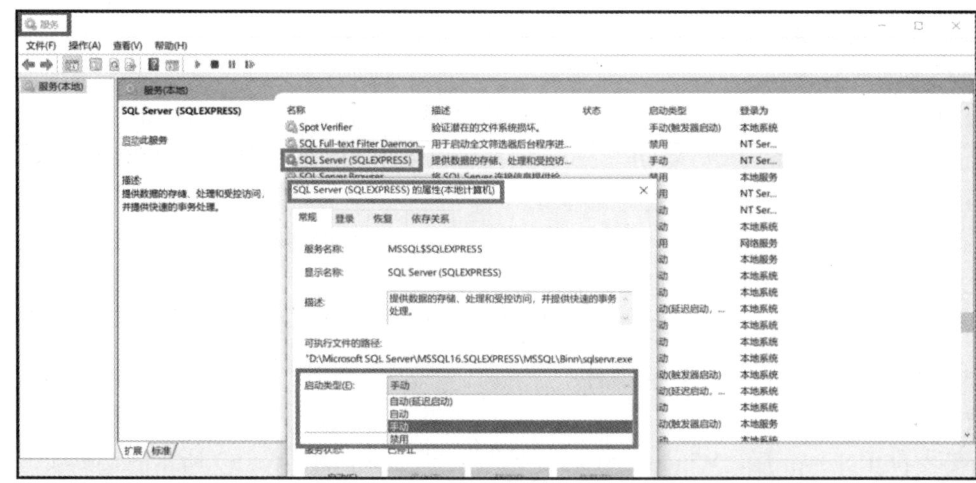

图 1-7 “服务”窗口与服务属性对话框

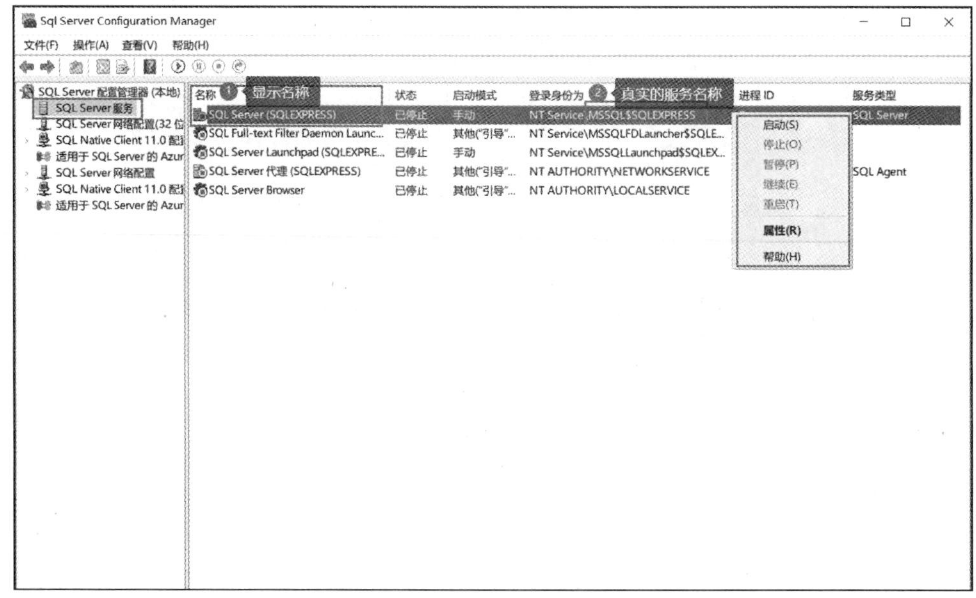

图 1-8 SQL Server 配置管理器

方式三：通过 Windows 命令启停 SQL Server 服务。以管理员身份打开 Windows 的命令提示符窗口，执行“net start 服务名称”命令启动服务，执行“net stop 服务名称”命令停止服务（注意，使用的是服务名称，不是显示名称），如图 1-9 所示。

图 1-9 通过 Windows 命令启停 SQL Server 服务

5. 连接到 SQL Server 服务器

【参考答案】

当 SQL Server 数据库服务启动后，用户计算机就可以连接到服务器。单击图 1-6（b）所示的“SQL Server Managemet Studio 19”，打开图 1-10 所示的“连接到服务器”身份验证对话框。需确认服务器类型为数据库引擎，服务器名称为数据库服务器下的实例名称。“身份验证”下拉列表显示了多种身份验证方式，最常用的是“Windows 身份验证”和“SQL Server 身份验证”，即从操作系统层面或数据库层面验证登录 SQL Server。选择一种身份验证方式，并输入用户名和密码，单击“连接”按钮打开 SSMS 主窗口。

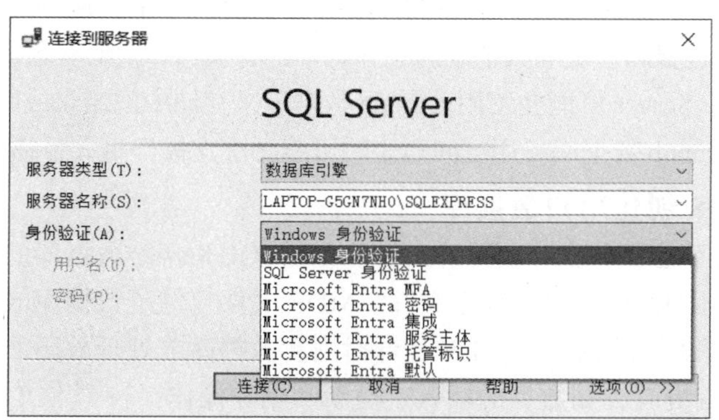

图 1-10 “连接到服务器”身份验证对话框

SSMS 主窗口如图 1-11 所示，左侧的对象资源管理器（Object Explorer）是 SSMS 的核心组件，它为用户提供了一个直观的方式来浏览、管理与操作 SQL Server 不同级别的数据库对象，右击这些对象将弹出相关的功能菜单，方便用户对它们进行操作。在主窗口的工具栏上单击“新建查询”按钮，右方会出现查询窗口，可以在其中输入并执行 SQL 语句来操作与管理数据库。

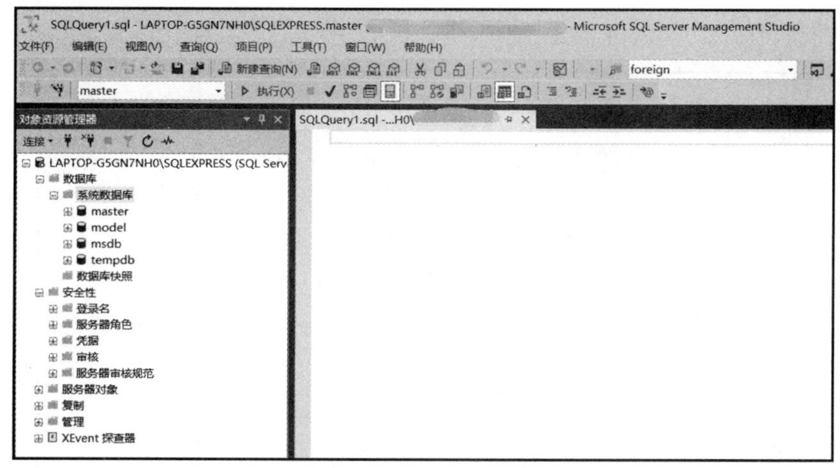

图 1-11 SSMS 主窗口

6. 了解 SQL Server 主要的系统数据库

【参考答案】

SQL Server 有 4 个主要的系统数据库，分别是 master、msdb、model 和 tempdb，这些

数据库在 SQL Server 的正常运行中扮演着至关重要的角色，需定期备份和维护，以确保其完整性和可用性。

master 数据库是 SQL Server 的核心，它用于记录系统级别信息，包括所有其他数据库的设置、对应的操作系统文件、用户信息以及系统配置等。对用户数据库做备份时，也需及时备份 master 数据库。

msdb 数据库被 Enterprise Manager 和 SQL Server Agent 用于记录任务计划信息、事件处理信息、数据备份及恢复信息、警告及异常信息等。

model 数据库是 SQL Server 为用户数据库提供的样板，使用 CREATE DATABASE 命令建立新的数据库时，总是通过复制 model 数据库中的内容来完成创建操作。

tempdb 数据库包含临时表和其他临时工作共享的存储区，供所有数据库使用。执行复杂的查询操作时，SQL Server 可能会使用 tempdb 数据库来存储中间结果或临时数据，需要监视其空间使用情况，tempdb 数据库可用空间过小时可能无法支撑产生大量临时数据的查询操作。

7. 使用 SSMS 创建用户数据库

创建用户数据库是一个非常重要的工作。组成 SQL Server 数据库的文件有两类：MDF 格式的数据库文件和 LDF 格式的日志文件。MDF 文件存储了数据库的所有用户数据，如表、索引、存储过程、触发器等；LDF 文件对恢复数据库或处理故障非常重要，它记录了对 MDF 文件的所有更改，如数据的插入、更新和删除操作。一个 SQL Server 数据库至少由一个数据库文件和一个日志文件组成，它们默认存放在数据库安装位置的\MSSQL\DATA 文件夹中。

使用 SSMS 创建一个名为“Test”的数据库，其初始大小为 64 MB，文件按每次 64 MB 自动增长，最大文件大小为 1024 MB；日志文件初始大小为 8 MB，按 20%自动增长，最大文件大小无限制。

【参考答案】

右击对象资源管理器中的“数据库”节点，在弹出的菜单中选择“新建数据库”菜单项，打开“新建数据库”窗口。如图 1-12 所示，在“常规”页中将“数据库名称”设为“Test”。

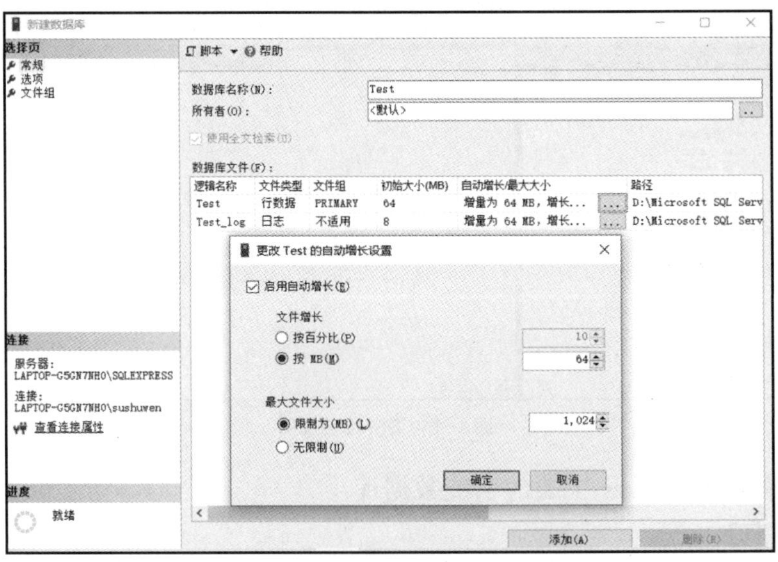

图 1-12　使用 SSMS 创建用户数据库

在“数据库文件”区域，根据要求设定 Test.mdf 的初始大小为 64 MB（注意，该数据库文件默认属于 PRIMARY 文件组），Test_log.ldf 的初始大小为 8 MB，单击“自动增长/最大大小”列的…按钮，打开“更改 Test 的自动增长设置”对话框，进一步设置文件自动增长方式和最大文件大小约束方式。还可以根据需要添加和删除其他数据库文件与日志文件（但最初创建的一对 MDF 文件和 LDF 文件不能删除），以及修改这些文件的属性。

8. 使用 SSMS 创建数据库表并编辑表数据

在 Test 数据库中，创建数据库表 T1（包含两列），并在 T1 中编辑数据。

【参考答案】

在 SSMS 的对象资源管理器中展开“数据库”节点，找到“Test”对象并展开，右击“表”节点，在弹出的菜单中展开“新建”子菜单，然后选择“表”菜单项，打开图 1-13 所示的窗口。设置 id 列的数据类型为 int，name 列的数据类型为 varchar(50)，单击工具栏中的“保存”按钮，输入表名称“T1”后单击“确定”按钮。刷新对象资源管理器，可以在 Test 的“表”节点中看到新建的表 dbo.T1（dbo 是当前默认的架构 Schema），建表操作完成。

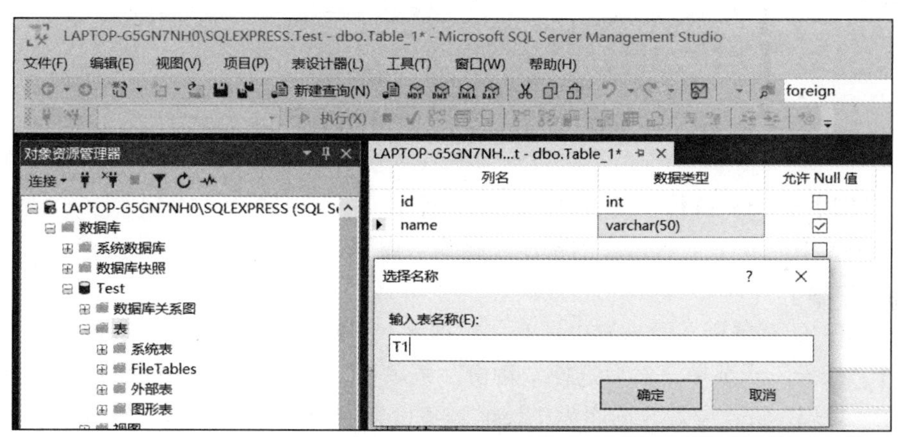

图 1-13 创建表

在对象资源管理器中右击表 dbo.T1，选择“编辑前 200 行”菜单项，在打开的窗口（见图 1-14）中添加两行数据，保存并退出表数据编辑。

LAPTOP-G5GN7NH...S.Test - dbo.T1

	id	name
	1	Mary
	2	Tom
▸*	*NULL*	*NULL*

图 1-14 编辑表数据

9. 在查询窗口通过 SQL 语句查询数据库表

在 SSMS 的查询窗口中，编辑并运行下列 SQL 语句，查看输出的结果。

```
USE Test
SELECT * FROM T1;
```

【参考答案】

查询窗口（又称查询编辑器）是 SSMS 与 SQL Server 交互的核心工具，它提供了丰富的功能和工具，可以帮助用户高效地编写、执行和调试 SQL 查询，以及管理和维护数据库对象。

SSMS 支持打开多个查询窗口，用户可以在查询窗口的输入框内编写并执行 SQL 语句，并在下方的消息框区域查看查询结果（可以对查询结果做排序、筛选和导出等操作）以及记录数、执行时间等统计信息。用户还可以在执行查询之前或之后查看查询的执行计划。

在 SSMS 主窗口的工具栏上单击“新建查询”按钮，打开图 1-15 所示的查询窗口。在该窗口的输入框内输入上述 SQL 语句，单击工具栏上的“执行”按钮（或按 F5 键）执行语句。输入框下方出现消息框，其“结果”页显示相关查询结果，“消息”页显示影响的行数和运行时间。

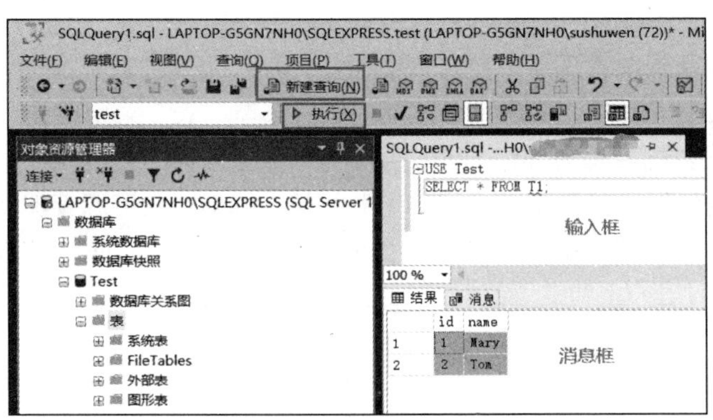

图 1-15　查询窗口

10. 使用 SSMS 备份、删除与还原数据库

在 SSMS 中完成 Test 数据库的备份、删除与还原。

【参考答案】

在 SSMS 的对象资源管理器中展开“数据库”节点，右击“Test”节点，在弹出的菜单中展开“任务”子菜单，然后选择“备份”菜单项，打开图 1-16 所示的“备份数据库”窗口。在“常规”页，设置数据库为“Test”，备份类型为“完整”，备份组件为“数据库”，目标备份到“磁盘”，备份生成的文件 Test.bak 将存放在 SQL Server 安装位置的 \MSSQL\Backup 文件夹中，单击“确定”按钮完成数据库的备份。

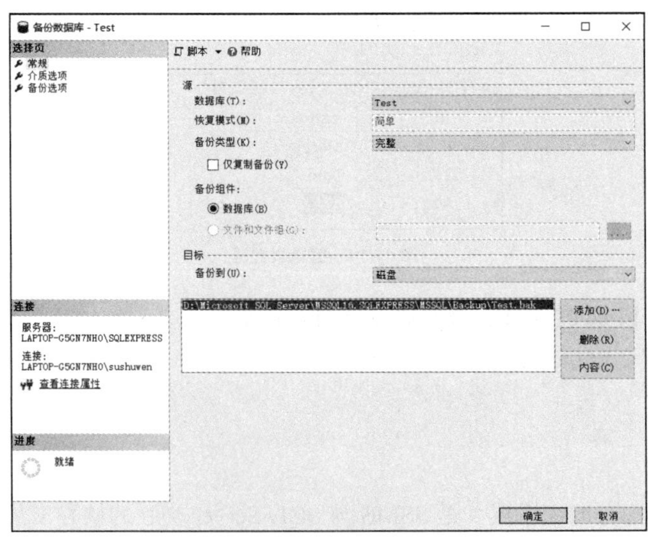

图 1-16　备份数据库

在 SSMS 的对象资源管理器中展开“数据库”节点，右击“Test”节点，在弹出的菜单中选择“删除”菜单项，打开“删除对象”窗口（见图 1-17）。需要注意的是，这里要取消勾选“删除数据库备份和还原历史记录信息”项，以便用备份文件做还原操作。如果当前有用户连接该数据库，则该数据库无法删除，可以勾选“关闭现有连接”项以便顺利删除该数据库。设置完成后单击“确定”按钮，完成数据库 Test 的删除，刷新数据库列表，Test 从数据库列表中消失。

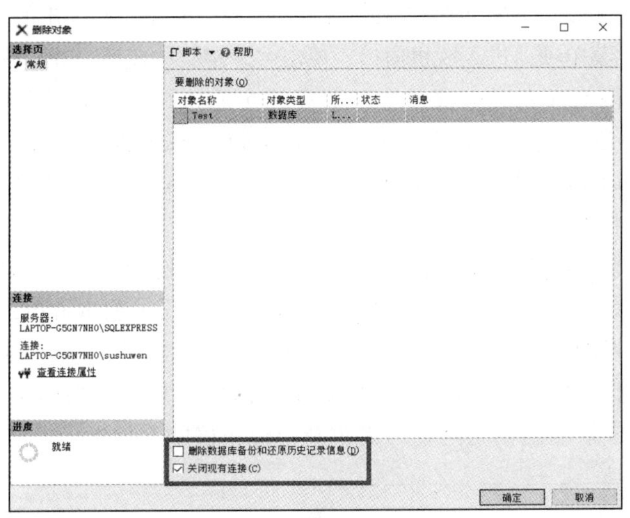

图 1-17　删除数据库对象

在 SSMS 的对象资源管理器中右击“数据库”节点，选择“还原数据库”菜单项，打开“还原数据库”窗口（见图 1-18）。要还原数据库，需要设置还原的源数据库和目标数据库。在“常规”页，设置“源”为“数据库”（选择“源”为“设备”的操作类似），在其下拉列表中选择“Test”，则“要还原的备份集”区域列出该数据库历史备份的 BAK 文件列表，目标数据库也默认选定 Test，单击“确定”按钮完成数据库还原操作，刷新后 Test 又重新出现在数据库列表中，可以看到建立的表 T1。

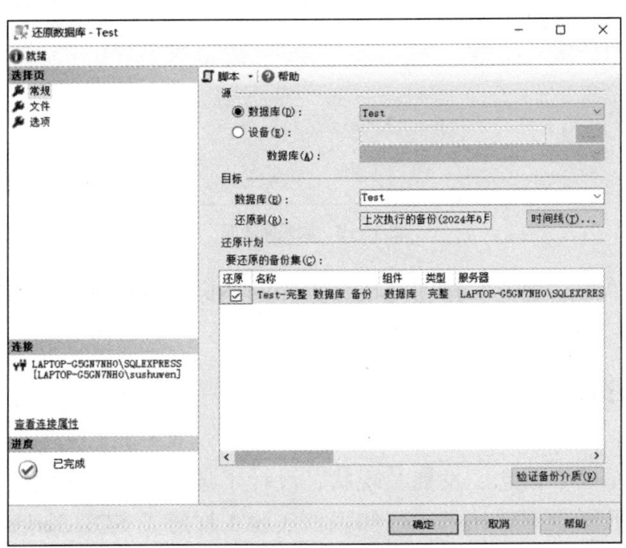

图 1-18　还原数据库

11. 备份数据库文件并附加数据库

备份 Test 数据库文件，然后删除 Test 数据库，利用备份好的数据库文件，通过附加方式重新生成 Test 数据库。

【参考答案】

只有数据库处于脱机的状态，使用管理员的权限，才能用操作系统复制文件的方式备份数据库的 MDF 文件与 LDF 文件。

在 SSMS 的对象资源管理器中找到 Test 数据库节点，右击，在弹出的菜单中选择“任务”子菜单中的“脱机”菜单项，进入脱机窗口，单击“确定”按钮后，Test 数据库进入脱机状态。

找到 Test.mdf 和 Test_log.ldf 文件（一般存放在 SQL Server 安装位置的\MSSQL\DATA 目录下），把它们复制到原文件夹里即可（如 Test-副本.mdf 和 Test_log 副本.ldf）。

按实验内容 10 的方法删除 Test 数据库，可以看到\MSSQL\DATA 目录下的 Test.mdf 和 Test_log.ldf 文件同时被删除。

在 SSMS 的对象资源管理器中右击“数据库”节点，选择“附加”菜单项，打开图 1-19 所示的“附加数据库”窗口。单击“添加”按钮，添加 Test-副本.mdf，则“附加数据库”窗口右上方的“要附加的数据库”区域列出 Test 数据库相关信息，右下方列表展示 Test 数据库的详细信息。注意，需要确认 MDF 文件和 LDF 文件的“当前文件路径”是否正确，如果不正确，会造成附加出错的问题，需重新定位正确的文件。

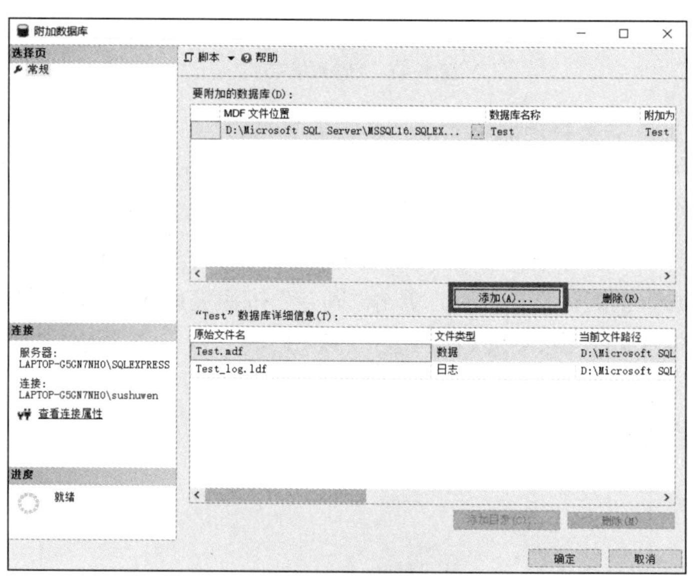

图 1-19 数据库还原

设置完成后，单击“确定”按钮完成数据库的还原，Test 重新出现在数据库列表中。

1.5 本章小结

本章聚焦数据库核心概念、发展及现状，设计了选择题、判断题、填空题与简答题等题型，以帮助读者巩固数据库技术入门知识。实验 1 详解了 SQL Server 安装、服务管理、数据库创建与备份恢复等维护工作，为读者深入学习数据库技术奠定实践基础。

第 2 章
关系数据库

关系数据库是采用关系模型来组织数据的数据库。《数据库系统原理（微课版）》第 2 章“关系数据库”详细论述了关系数据库的基本概念，重点介绍了关系代数和关系运算，并简要介绍了查询语言，为后续关系数据库的应用奠定了理论基础。

2.1 基本知识点

《数据库系统原理（微课版）》第 2 章的学习重点在于关系模型基础概念的掌握与关系代数基本运算的应用。需要了解和掌握的具体知识点如下。

- 深入理解关系的定义以及与之相关联的域、元组、笛卡儿积的定义，并掌握关系的 6 个主要性质；在此基础上，需要对关系模型和关系模型的集合——关系数据库的相关概念进行深入了解。
- 码是关系数据库的重要概念，从码出发，理解候选码、主码、外码这几个概念之间的联系与不同。
- 了解关系语言的 3 种类型：关系代数语言、关系演算语言和结构查询语言。重点要求掌握关系代数语言及其运算。
- 关系支持传统的集合运算，包括并、交、差与笛卡儿积。同时，关系还有自己专门的运算，包括选择、投影、连接和除法。要求读者能灵活应用。

2.2 习题

2.2.1 单选题

1. 在关系数据库中，关系模式指的是什么？（　　）

A. 关系的“值”　　B. 关系的“型”

C. 关系的属性　　D. 关系的元组

2. 在关系数据库中，域指的是什么？（　　）

A. 属性的取值范围　　B. 关系的元组集合

C. 关系的属性集合　　D. 关系的数学描述

3. 关系代数中的投影操作可用于做什么？（　　）

A. 从关系中选取某些列　　B. 从关系中选取某些行

C. 对关系进行排序　　D. 合并两个关系

4. 在关系代数中，笛卡儿积运算的结果是什么？（　　）

A. 两个关系共有的部分　　B. 两个关系都不包含的部分

C. 两个关系中所有可能的元组组合　　D. 两个关系中任意一个元组的集合

5. 关系代数中的除法操作起到什么作用？（　　）

A. 计算两个关系的交集

B. 计算两个关系的并集

C. 从一个关系中找出满足另一关系条件的所有元组

D. 计算一个关系在另一个关系上的投影

6. 在关系代数中，关系 *R* 和关系 *S* 进行差集运算 *R*-*S* 的结果是什么？（　　）

A. 属于 *R* 但不属于 *S* 的元组

B. 属于 *S* 但不属于 *R* 的元组

C. *R* 和 *S* 中共同的元组

D. *R* 和 *S* 中所有的元组

7. 连接操作通常有什么作用？（　　）

A. 合并两个关系的元组　　B. 删除关系的元组

C. 根据条件选择元组　　D. 计算关系的属性

8. 关系代数中的并运算要求参与运算的两个关系满足什么条件？（　　）

A. 属性个数必须相同　　B. 属性顺序必须相同

C. 属性名和属性顺序都必须相同　　D. 无须任何条件

2.2.2 多选题

1. 以下哪些选项是候选码的性质？（　　）

A. 唯一性　　B. 最小性　　C. 冗余性　　D. 确定性

2. 下列关于关系模式的描述中哪些不正确？（　　）

A. 关系模式描述了关系的物理存储结构

B. 关系模式的集合称为关系数据库模式

C. 关系模式是关系数据库中静态的、相对稳定的部分

D. 关系模式定义了关系的具体数据

3. 下列哪些操作属于关系代数的基本操作？（　　）

A. 选择　　B. 投影　　C. 连接　　D. 排序

4. 下列关于关系模型中关系、域和笛卡儿积的说法，正确的是哪些？（　　）

A. 关系是笛卡儿积的子集

B. 域是一组具有相同数据类型的值的集合

C. 关系中列的顺序不可任意调整

D. 关系的每个属性值都来自某个域

5. 下列关于关系代数中的选择运算和投影运算的说法，哪些是正确的？（　　）

A. 选择运算根据指定的条件从关系中选出满足条件的元组

B. 投影运算从关系中选取指定的列

C. 选择运算和投影运算都是一元运算

D. 投影运算可能产生重复的行

2.2.3 判断题

1. 关系中的每一列都是不可再分的。(　　)
2. 关系数据库中的每个关系至少有一个候选码。(　　)
3. 关系的属性之间必须存在某种函数依赖关系。(　　)
4. 在关系数据库中，关系行和列的顺序都是固定的。(　　)
5. 关系代数中的并运算满足交换律和结合律。(　　)
6. 除法运算 $R \div S$ 的本质是，保存被除关系 R 中包含除关系 S 的相同列的全部取值的元组，这些元组不包含 R 和 S 的相同的列。(　　)
7. 自然连接是连接操作的一种特例，它要求连接属性相等。(　　)
8. 在关系代数中，差运算和并运算互为逆运算。(　　)
9. 关系代数是关系数据库查询语言的基础。(　　)
10. 同一关系中的任意两个元组值不能完全相同。(　　)

2.2.4 填空题

1. 关系的“型”是对________的描述，而关系的“值”是关系模式在某一时刻的________。
2. 关系具有 6 个性质，其中包括列的同质性、列次序的无关性、列属性具有不同的属性名、元组次序的无关性、________性和________性。
3. 关系代数中的基本集合运算包括并、交、差和________。
4. 出现在任何候选码中的属性称为________。
5. 关系代数中的差运算是指从一个关系中去掉与另一个关系________。
6. 关系代数运算满足集合运算的许多基本性质，如________、________和结合律等。
7. 一般情况下，当关系 R 和 S 进行自然连接时，要求 R 和 S 含有一个或多个________。
8. 关系 R 和 S 分别拥有 25 个元组和 15 个元组，若 $R \cap S$ 有 10 个元组，那么 $R \cup S$ 有________个元组，$R-S$ 有________个元组。
9. 关系 $R(\mathrm{RID},R_1,\mathrm{SID})$ 和 $S(\mathrm{SID},S_1)$ 中，R 的主码是 RID，S 的主码是 SID，则 SID 在 R 中称为________。
10. 若 $A=\{a,b,c\},B=\{1,2,3,4\}$，则 $A \times B$（笛卡儿积）集合中共有________个元组。

2.2.5 简答题

1. 简述关系的定义及其主要性质。

2. 简述关系模式和关系数据库模式的定义。

3. 简述候选码、主码和外码的概念。

4. 笛卡儿积运算在关系代数中有什么作用？它可能导致什么问题？

5. 连接操作在关系数据库中有怎样的重要性？

2.2.6 应用题

1. 关系 R 如图 2-1 所示，请计算 $\Pi_{A,\ B}(\sigma_{C=c_2}(R))$。

A	B	C
a_1	b_1	c_1
a_2	b_1	c_2
a_1	b_2	c_2

图 2-1 关系 R

2. 设有图 2-2 所示的关系 S、T、U，请计算以下内容。

（1）$R_1=S\cap T$。

（2）$R_2=S-T$。

（3）$R_3=T\bowtie U$。

（4）$R_4=T\underset{T.C=U.C}{\bowtie}U$。

S

A	B	C
a_1	b_2	c_1
a_2	b_2	c_2
a_3	b_1	c_3

T

A	B	C
a_1	b_2	c_2
a_2	b_2	c_2
a_1	b_3	c_1

U

C	D
c_2	d_1
c_3	d_2
c_4	d_2

图 2-2 关系 S、T 和 U

3. 关系 S 和 T 如图 2-3 所示，请计算以下内容。

（1）R_1：$\sigma_{A>6\wedge B='e'}(S)$。

（2）R_2：$\Pi_{[2],[1],[6]}(\sigma_{[3]=[5]}(S\times T))$。

（3）R_3：$S\div T$。

4. 某图书管理系统数据库包含以下 3 个关系表。

- 图书信息表 Book(BookID,Title,Author,Publisher,Price)，其属性包括图书编号、书名、作者、出版社、价格。
- 借阅者信息表 Borrower(BorrowerID,Name,Gender,Age)，其属性包括借阅者编号、姓名、性别、年龄。

S

A	B	C	D
5	a	b	g
7	e	a	b
7	e	e	f
2	c	f	a
4	e	a	b
7	g	e	f

T

C	D
a	b
e	f

图 2-3 关系 S和 T

- 借阅信息表 Loan(LoanID,BookID,BorrowerID,LoanDate,ReturnDate,ReturnState)，其属性包括借阅编号、图书编号、借阅者编号、借出时间、归还时间、归还状态（0 为未归还，1 为已归还）。

其中，表 Book 由 BookID 唯一标识，表 Borrower 由 BorrowerID 唯一标识，表 Loan 由 LoanID 唯一标识。

请用关系代数表示如下查询。

（1）查询书名是“计算机导论”的图书的作者与出版社。

（2）查询借阅了编号为 5 的图书的借阅者姓名、年龄。

（3）查询借阅了编号为 5 或 10 的图书的借阅者编号。

（4）查询至少借阅了编号为 5 和 10 的图书的借阅者编号。

（5）查询没有借阅编号为 5 的图书的借阅者姓名、年龄。

（6）查询借出书名为“数据库系统原理”的图书且未归还的借阅者姓名。

（7）查询借阅了所有图书的借阅者编号。

（8）查询借阅者姓名及其所借图书的书名、出版社与价格。

（9）查询 2024 年 1 月 1 日至 2024 年 6 月 30 日期间，借阅了出版社为“人民邮电出版社”、书名为“数据结构”的图书的借阅者姓名、性别。

2.3 习题答案与解析

2.3.1 单选题答案与解析

1. 答案：B

解析：关系模式是对关系的描述，是关系的“型”，而关系的“值”则是关系模式在某一时刻的状态或内容。

2. 答案：A

解析：域是属性的取值范围，它定义了属性可以取哪些值。

3. 答案：A

4. 答案：C

5. 答案：C

6. 答案：A

7. 答案：A

8. 答案：C

2.3.2 多选题答案与解析

1. 答案：A、B、D

解析：候选码的性质包括唯一性、最小性和确定性，冗余性不是候选码的性质。

2. 答案：A、D

解析：关系模式描述了关系的逻辑结构，它是静态的、相对稳定的，它定义了关系的模式，而不是关系的具体数据或物理存储结构。因此，A、D 的描述不准确。

3. 答案：A、B、C

解析：排序不是关系代数的基本操作，关系代数的基本操作包括选择、投影、并、差、笛卡儿积和连接等。

4. 答案：A、B、D

解析：关系通常定义为笛卡儿积的子集，即不是所有可能的元组组合都构成关系，而只有其中的一部分构成关系；域是关系模型中的基本概念，表示一组具有相同数据类型的值的集合；关系的每个属性值都必须是某个域的成员；关系中，列的顺序可以任意调整。

5. 答案：A、B、C、D

2.3.3 判断题答案与解析

1. 答案：(√)

解析：关系中的每一列都是不可再分的，这是关系模型的基本要求之一。

2. 答案：(√)

解析：在关系数据库中，每个关系至少有一个候选码，用于唯一标识关系中的元组。候选码是关系中可以唯一确定一个元组的属性或属性组合。

3. 答案：(×)

解析：关系的属性之间不一定要存在函数依赖关系。函数依赖是用来描述属性之间依赖关系的，但并不是所有关系的属性之间都必须有函数依赖关系。

4. 答案：(×)

解析：在关系数据库中，关系的列是同质的，即同一列中的数据类型相同，但行的顺序是任意的，不固定。列的顺序在理论上也是任意的，但在实际应用中，为了增强数据的可读性和可维护性，列会保持一定的顺序。

5. 答案：(√)

6. 答案：(√)

7. 答案：(√)

解析：自然连接是连接操作的一种特例，它要求连接属性相等，并且结果中只保留这些共同的属性。

8. 答案：(×)

解析：在关系代数中，差运算和并运算并非互为逆运算。差运算是从第一个关系中去除与第二个关系共有的元组，而并运算则是将两个关系中的所有元组合并。

9. 答案：(√)

10. 答案：(√)

2.3.4 填空题答案

1. 关系结构，状态或内容
2. 元组的唯一，元组中每个分量的原子（答案顺序可调换）
3. 笛卡儿积
4. 主属性
5. 相同的元组
6. 交换律，分配律（答案顺序可调换）
7. 共有属性
8. 30，15
9. 外码
10. 12

2.3.5 简答题参考答案

1. 参考答案

关系是关系模型中唯一的数据结构，一个关系对应一个二维表，并包含若干属性，其中表的每一行称为一个元组，每一列称为一个属性，关系被定义为一系列域的笛卡儿积的子集。关系的主要性质如下。

（1）列是同质的，即每一列中的分量是同一类型的数据，来自同一个域。

（2）不同列的数据可出自同一个域，其中每一列称为一个属性，不同的属性要给予不同的属性名。

（3）列的顺序可以任意变换。

（4）元组的每个分量具有原子性，是不可再分的数据项。

（5）元组的顺序可以任意变换。

（6）元组各不相同，不允许出现重复的元组。

2. 参考答案

关系模式是对关系结构的描述，是“型”的描述，它包括关系名、组成该关系的属性名、数据类型、取值范围以及属性间的依赖关系。关系模式仅仅是对数据本身的描述，并未指明数据库的状态，即关系模式不包含关系的“值”。关系数据库模式是一组关系模式的集合，它描述了整个数据库的逻辑结构。

3. 参考答案

候选码是能唯一标识关系中某个元组的属性或属性组。可以从多个候选码中选取一个供用户使用，称为主码。如果关系中的一个属性（组）是另一个关系的主码，则称该属性（组）为此关系的外码。

4. 参考答案

笛卡儿积运算在关系代数中的作用是将两个关系（或集合）中的所有元组组合起来，形成一个新的关系。具体来说，假设有两个关系 R 和 S，R 有 n 个元组，S 有 m 个元组，那么 R 和 S 的笛卡儿积是一个包含 $n\times m$ 个元组的新关系，其中，每个元组都是 R 中的一个元组和 S 中的一个元组的组合。笛卡儿积运算可能导致数据冗余和查询效率下降的问题。当两个关系的元组数量非常多时，它们的笛卡儿积会产生一个极其庞大的结果集，其中可能包含大量无意义或冗余的数据。这不仅会占用大量的存储空间，而且在执行后续查询时也可能导致性能问题。

5．参考答案

连接操作在关系数据库中具有极其重要的地位，它是实现关系数据库查询和数据处理的基础。连接操作可以将两个或多个关系按照指定的条件进行合并，从而获取更丰富的数据和信息。连接操作有多种类型，这些不同类型的连接操作在处理关系数据时都展现出了独特的特点和用途。

2.3.6 应用题答案与解析

1．答案

先计算 $T=\sigma_{C=c_2}(R)$，从关系 R 中挑选出属性 C 的值为 c_2 的元组，再计算 $\Pi_{A,B}(T)$，将 T 投影到 A、B 两列，结果如图 2-4 所示。

2．答案

（1）找到 S 和 T 共同的元组，结果如图 2-5 所示。

A	B
a_2	b_1
a_1	b_2

图 2-4　题 1 计算结果

A	B	C
a_2	b_2	c_2

图 2-5　题 2 计算结果（1）

（2）从 S 中减去 S 和 T 共同的元组，结果如图 2-6 所示。

（3）将 T 和 U 自然连接，在 C 列进行等值连接，并删除重复的 C 列，结果如图 2-7 所示。

A	B	C
a_1	b_2	c_1
a_3	b_1	c_3

图 2-6　题 2 计算结果（2）

A	B	C	D
a_1	b_2	c_2	d_1
a_2	b_2	c_2	d_1

图 2-7　题 2 计算结果（3）

（4）对 T 和 U 进行 C 列上的等值连接，结果如图 2-8 所示，保留了重复的 C 列。

A	B	$T.C$	$U.C$	D
a_1	b_2	c_2	c_2	d_1
a_2	b_2	c_2	c_2	d_1

图 2-8　题 2 计算结果（4）

3．答案

（1）根据选择条件 $A>6 \land B='e'$，从 S 中选出同时满足两个条件的元组，结果如图 2-9 所示。

A	B	C	D
7	e	a	b
7	e	e	f

图 2-9　题 3 计算结果（1）

（2）先计算中间结果 $U=\sigma_{[3]=[5]}(S\times T)$：$S$ 和 T 的笛卡儿积生成 12 个元组，如图 2-10 所示，根据选择条件[3]=[5]，即第 3 列的 $S.C$ 等于第 5 列的 $T.C$，则有 8 个元组被剔除（图 2-10 中标注为“×”的元组）。

A	*B*	*S.C*	*S.D*	*T.C*	*T.D*	被选择
5	*a*	*b*	*g*	*a*	*b*	×
7	*e*	*a*	*b*	*a*	*b*	√
7	*e*	*e*	*f*	*a*	*b*	×
2	*c*	*f*	*a*	*a*	*b*	×
4	*e*	*a*	*b*	*a*	*b*	√
7	*g*	*e*	*f*	*a*	*b*	×
5	*a*	*b*	*g*	*e*	*f*	×
7	*e*	*a*	*b*	*e*	*f*	×
7	*e*	*e*	*f*	*e*	*f*	√
2	*c*	*f*	*a*	*e*	*f*	×
4	*e*	*a*	*b*	*e*	*f*	×
7	*g*	*e*	*f*	*e*	*f*	√

图 2-10　中间结果 *U*

再计算 $\pi_{[2],[1],[6]}(U)$，得到属性为 *B*、*A*、*T.D* 的 4 个元组的关系，结果如图 2-11 所示。

（3）*S* 中包含 *T* 的 *C*、*D* 列全部取值的元组只有 1 个，结果如图 2-12 所示。

B	*A*	*T.D*
e	7	*b*
e	4	*b*
e	7	*f*
g	7	*f*

图 2-11　题 3 计算结果（2）

A	*B*
7	*e*

图 2-12　题 3 计算结果（3）

4. 答案

（1）$\Pi_{\text{Author, Publisher}}(\sigma_{\text{Title='计算机导论'}}(\text{Book}))$。

（2）$\Pi_{\text{Name, Age}}(\sigma_{\text{BookID=5}}(\text{Loan})\bowtie\text{Borrower})$。

（3）$\Pi_{\text{BorrowerID}}(\sigma_{\text{BookID=5}\vee\text{BookID=10}}(\text{Loan}))$。

（4）$\Pi_{\text{BorrowerID}}(\sigma_{\text{BookID=5}}(\text{Loan}))\cap\Pi_{\text{BorrowerID}}(\sigma_{\text{BookID=10}}(\text{Loan}))$。

（5）$\Pi_{\text{Name, Age}}(\text{Borrower})-\Pi_{\text{Name, Age}}(\sigma_{\text{BookID=5}}(\text{Loan})\bowtie\text{Borrower})$。

（6）$\Pi_{\text{Name}}(\sigma_{\text{ReturnState=0}}(\text{Loan}\bowtie\sigma_{\text{Title='数据库系统原理'}}(\text{Book}))\bowtie\text{Borrower})$。

（7）$\Pi_{\text{BorrowerID,BookID}}(\text{Loan})\div\Pi_{\text{BookID}}(\text{Book})$。

（8）$\Pi_{\text{Name, Title, Publisher, Price}}(\text{Borrower}\bowtie\text{Loan}\bowtie\text{Book})$。

（9）$\Pi_{\text{Name, Gender}}(\sigma_{\text{LoanDate}\geqslant\text{'2024-01-01'}\wedge\text{LoanDate}\leqslant\text{'2024-06-30'}}(\text{Loan}\bowtie\sigma_{\text{Title='数据结构'}\wedge\text{Publisher='人民邮电出版社'}}(\text{Book}))\bowtie\text{Borrower})$。

2.4　本章小结

本章围绕关系的定义与关系代数的基本运算展开，通过选择题、判断题、填空题与简答题等多种常规题型，帮助读者扎实掌握相关基本概念。本章还设置了应用题，要求读者能够针对具体的数据或案例，运用关系代数解决实际问题，从而为下一章的学习奠定坚实的理论基础。

第 3 章
关系数据库标准语言 SQL

SQL 作为关系数据库的标准语言，以简洁、易用、通用且功能强大的特点著称。《数据库系统原理（微课版）》的第 3 章“关系数据库标准语言 SQL”介绍了 SQL 的概况，并着重介绍了 SQL 在数据定义、数据更新、数据查询以及视图等关键领域的应用。

3.1 基本知识点

《数据库系统原理（微课版）》第 3 章包含与 SQL 应用相关的内容，需要了解和掌握的具体知识点如下。

- 了解 SQL 的发展历程、SQL 的系统结构与第 1 章中介绍的数据库三级模式结构的对应关系、SQL 语句执行的 4 种方式（直接调用、嵌入式 SQL、模块绑定和 SQL 调用层接口）；掌握组成 SQL 的数据定义语言（DDL）、数据查询语言（DQL）、数据操纵语言（DML）和数据控制语言（DCL）的不同功能与关键字。
- 数据定义［包括创建（CREATE）、删除（DROP）、修改（MODIFY、ALTER）等语句］是对关系数据库中的基本对象（数据库、表、视图、索引等）的定义，要求读者能够灵活应用。索引是一种特殊的数据库对象，读者需要掌握索引的用途、索引类型和特点、索引的建立策略，以便让索引正确发挥其优化查询的作用。
- 数据更新是从行或列等不同级别对表数据进行修改，包括插入一行或多行记录的 INSERT 语句、在列上修改数据的 UPDATE 语句和在行上执行删除操作的 DELETE 语句。要求读者能灵活应用这些语句。
- 数据查询是核心且较困难的部分，包括单表查询、连接查询、更复杂的嵌套查询以及基于多条 SELECT 语句的集合查询。其中，连接查询和嵌套查询是学习难点，建议读者多做练习以便更好地掌握此部分内容。
- 视图是建立在基本表上的虚表，读者需要了解在基本表上建立视图的意义，灵活使用创建、管理和应用视图的相关 SQL 语句。

3.2 习题

3.2.1 单选题

1. 在 SQL 中，下列哪个部分负责定义和管理数据库对象？（　　）
A. DDL　B. DQL　C. DML　D. DCL
2. SQL 语句的执行方式不包含以下哪一项？（　　）
A. 交互式 SQL　B. 嵌入式 SQL　C. 模块绑定　D. 图形化界面
3. 在 SQL 的系统结构中，哪个是虚表？（　　）
A. 基本表　B. 视图　C. 存储文件　D. 索引
4. 在 SQL Server 中，默认的聚簇索引创建在哪个对象上？（　　）
A. 主码　B. 外码　C. 唯一索引　D. 任意列
5. 以下哪条 SQL 语句可用于修改数据库的名称？（　　）
A. MODIFY DATABASE　B. RENAME DATABASE
C. ALTER DATABASE　D. CHANGE DATABASE
6. 创建视图时，为确保通过视图进行的修改满足某些条件，应使用以下哪个关键字？（　　）
A. WITH CHECK OPTION　B. CHECK CONSTRAINT
C. PRIMARY KEY　D. FOREIGN KEY

3.2.2 多选题

1. 在 SQL 的系统结构中，下列哪些选项属于模式？（　　）
A. 基本表　B. 视图　C. 存储文件　D. 索引
2. SQL 除了简单易学，还具备哪些特点？（　　）
A. 功能齐全　B. 高度过程化
C. 面向集合的操作方式　D. 统一的语法结构
3. 下列哪些语句不属于 DDL？（　　）
A. SELECT　B. CREATE TABLE
C. UPDATE　D. DROP VIEW
4. 下列关于视图的描述中正确的有哪些？（　　）
A. 视图是虚表　B. 视图的数据存储在数据库中
C. 视图可以简化复杂的 SQL 操作　D. 视图是基于 SQL 语句的结果集
5. 关于 SQL Sever 中的 INSERT INTO 语句，以下哪些说法是正确的？（　　）
A. 可以用于向表中插入单行数据　B. 可以用于向表中插入多行数据
C. 插入数据时必须提供所有字段的值　D. 可以使用子查询来插入数据
6. 使用 UPDATE 语句时，需要注意哪些事项？（　　）
A. 必须指定要更新的表名
B. 必须使用 WHERE 子句来限制更新的范围
C. SET 子句用于指定要更新的列和新值

D. UPDATE 语句执行后，可以通过 ROLLBACK 撤销更改

7. 连接查询中主要有哪些连接类型？（　　）

A. 等值连接　　B. 非等值连接　　C. 自身连接　　D. 外连接

8. 关于集合查询，以下哪些说法是正确的？（　　）

A. 集合查询可以使用 UNION 操作符合并两个或多个查询结果

B. UNION 操作符默认去除重复行

C. 可以使用 INTERSECT 操作符返回两个查询结果的交集

D. EXCEPT 操作符返回第一个查询结果中存在而第二个查询结果中不存在的行

3.2.3 判断题

1. SQL 是一种面向过程的语言。(　　)

2. 嵌入式 SQL 是将 SQL 语句嵌入宿主语言（如 C 语言、Java 等）中使用的。(　　)

3. SQL Server 中的聚簇索引可以提高查询性能，但会降低插入性能。(　　)

4. 触发器是一种特殊的存储过程，当满足特定条件时会自动执行。(　　)

5. SQL 中的聚合函数（如 SUM、AVG、COUNT 等）只能对数值型数据进行操作。(　　)

6. 使用 DROP DATABASE 语句删除数据库后，可以恢复被删除的数据。(　　)

7. 在 SQL Server 中，唯一索引可以确保索引列中的值不重复，但允许存在多个 NULL 值。(　　)

8. 在 SQL Server 中创建索引，可以指定索引是升序还是降序，默认是升序。(　　)

9. 使用 INSERT INTO…SELECT…语句时，目标表的结构必须与子查询返回的结果集的结构完全匹配。(　　)

10. 执行不带 WHERE 子句的 DELETE FROM 语句会删除表中的所有记录。(　　)

11. 视图一旦创建，其定义就不能再修改。(　　)

12. 在 SQL 中，HAVING 子句通常与 GROUP BY 子句一起使用，用于过滤分组后的结果。(　　)

3.2.4 填空题

1. SQL 的 DML 包括 INSERT 语句、UPDATE 语句和________语句。

2. SQL 的组成部分包括 DDL、DQL、________和 DCL。

3. 在 SQL Server 中，创建唯一索引的语句关键字是________。

4. 在 SQL 中，使用________关键字可以将两个或多个 SELECT 语句的结果组合成一个结果集。

5. 使用 CREATE TABLE 语句创建表时，可以使用关键字________指定主码（键）约束。

6. 在 SQL 中，关键字________用于去除查询结果中重复的行。

7. 在 SQL 查询中，要查询图书表中书名包含“数据库”的图书，应在 WHERE 子句中使用________关键字。

8. 使用________子句可以对查询结果进行分组，并应用聚合函数进行计算。

9. 在 SQL 中，________语句用于删除一个视图。

10. 在 SELECT 语句中，使用________关键字可以为查询结果中的列指定别名。

11. 在 SELECT 语句中，查询属性 A 为空的元组，对应的 WHERE 子句是________。

3.2.5 简答题

1. 简述 SQL 的五大特点。

2. 解释 SQL 中视图的作用。

3. 简述聚簇索引和非聚簇索引的区别。

4. 在数据库技术中，索引有什么弊端？为什么有时候不建议为表建立索引？在设计数据库时，如何权衡是否为一个列建立索引？

3.2.6 应用题

1. 设有关系 $R(A,B,C,D)$、$S(D,E)$、$T(A,B,C,D)$，请写出以下关系代数对应的 SQL 语句。

（1）$\sigma_{D=5}(R)$。

（2）$\Pi_{B,D}(\sigma_{C='a'}(R))$。

（3）$R \bowtie S$。

（4）$\Pi_{B,E}(\sigma_{C='b'}(R \bowtie S))$。

（5）$R \cup T$。

2. 某图书管理系统数据库包含以下 3 个关系表。

- 图书信息表 Book(BookID,Title,Author,Publisher,Price,ISBN)，其属性包括图书编号（主码）、书名、作者、出版社、价格、书号。
- 借阅者信息表 Borrower(BorrowerID,Name,Gender,Age)，其属性包括借阅者编号（主码）、姓名、性别、年龄。
- 借阅信息表 Loan(LoanID,BookID,BorrowerID,LoanDate,ReturnDate,ReturnState)，其属性包括借阅编号（主码）、图书编号、借阅者编号、借出时间、归还时间、归还状态（0 为未归还，1 为已归还）。

请使用 SQL 语句完成以下查询。

（1）查询借阅了书名为“数据库系统原理”的图书的女性借阅者的姓名。

（2）查询所有比韩梅梅年龄大的借阅者的姓名、性别和年龄。

（3）查询借阅者姓名及其所借图书的书名、出版社与价格，并按借阅者姓名升序排列。

（4）查询持有 3 本及以上未归还图书的借阅者，给出他们借出的图书的总价格，并按总价格降序排列。

（5）查询书名包含“数据结构”、作者为“林书凡”的图书的信息。

（6）查询 2024 年 1 月 1 日至 2024 年 6 月 30 日期间，借阅了出版社为“人民邮电出版社”、书名为“数据结构”的图书的借阅者姓名、性别。

（7）查询借阅了所有图书的借阅者编号。

（8）查询借阅者的平均年龄。

（9）查询借阅过 BorrowerID=5 的借阅者中，借阅过所有图书的借阅者的 BorrowerID，要求用 EXISTS 实现。

（10）统计各年份图书被借阅总数，并按年份升序排列。

（11）查询价格高于 ISBN 为“978-7-302-54975-2”的图书的所有图书的名称、作者、出版社与价格，并按价格降序排列。

（12）查询比人民邮电出版社所有图书价格都低的图书名称、出版社与价格（要求用包含 ALL 的嵌套查询实现）。

（13）查询与书名为“数据库系统原理”的图书的出版社相同的所有图书的名称。

（14）查询借阅过书名为“数据库系统原理”的图书的借阅者姓名与借阅过书名为“数据结构”的图书的借阅者姓名的交集（要求用集合查询实现）。

3. 设在 SQL Server 数据库中有图书信息表 Book(BookID,Title,Author,Publisher,PublicationDate,ISBN,NumberOfPages)，其中，BookID 是自增主码，Title 是书名，Author 是作者，Publisher 是出版社，PublicationDate 是出版日期，NumberOfPages 是总页数。针对 Book，写出实现下列功能的 SQL 语句。

（1）创建表 Book（包含主码的创建）。

（2）把 Author 的字段长度改为 50。

（3）添加非空属性 Status，类型为 char(1)，值约束为'0'或'1'，默认为'0'（'0'表示正常，'1'表示续借）。

（4）创建按 NumberOfPages 降序排列的索引。

（5）创建按 ISBN 升序排列的唯一索引。

（6）创建总页数大于 300 的图书视图 View_BooksOver300Pages，并要求数据更新时进行检查。

（7）在 View_BooksOver300Pages 视图中查询出版社为“人民邮电出版社”的图书信息。

（8）插入一条记录：书名为“数据库系统原理”，作者为“林子雨”，出版社为“人民邮电出版社”，出版日期是“2024-04-01”，ISBN 为“978-7-115-63182-4”，总页数为“314”。

（9）将 ISBN 为“978-7-115-60320-3”的图书的书名改为“数据结构”。

（10）删除 BookID 为“1010”的图书记录。

3.3 习题答案与解析

3.3.1 单选题答案与解析

1. 答案：A

解析：DDL 是数据定义语言，它负责定义和管理数据库对象，如进行数据库、表、索引、视图等的创建、修改和删除等。

2. 答案：D

解析：图形化界面通常用于辅助用户与 SQL 交互，本身不是 SQL 语句的执行方式。SQL 语句可以通过直接调用、嵌入式、模块绑定和调用层接口来执行。

3．答案：B

解析：视图是SQL系统结构中“外模式”的组成部分，它是一个虚表，其内容由查询定义。

4．答案：A

解析：在SQL Server中，默认的聚簇索引是创建在主码上的。

5．答案：C

解析：ALTER DATABASE可以用于修改数据库的各种属性，包括名称。

6．答案：A

解析：WITH CHECK OPTION子句用于确保通过视图进行的修改（INSERT或UPDATE操作）只影响满足视图定义中WHERE子句条件的行。CHECK CONSTRAINT是列或表级别的约束，用于确保列中的数据满足指定条件。PRIMARY KEY和FOREIGN KEY分别是主码和外码约束。

3.3.2 多选题答案与解析

1．答案：A、D

解析：在SQL的系统结构中，模式和内模式通常与数据的逻辑结构和物理存储相关。基本表和索引属于模式，而视图属于外模式，存储文件属于内模式。

2．答案：A、C、D

解析：SQL的五大特点包括功能齐全、高度非过程化（非B选项中的高度过程化）、面向集合的操作方式、统一的语法结构和简单易学。

3．答案：A、C

解析：DDL用于定义和管理数据库对象，CREATE TABLE和DROP VIEW是DDL语句。SELECT和UPDATE分别是DQL语句和DML语句。

4．答案：A、C、D

解析：视图是虚表，它是基于SQL语句的结果集，不直接存储数据（选项B错误）。视图可以简化复杂的SQL操作，并提供数据的另一种访问方式。

5．答案：A、B、D

解析：INSERT INTO语句可以用来插入单行或多行数据，也可以使用子查询的结果来插入数据。但是，插入数据时不一定需要提供所有字段的值，可以仅提供非NULL字段的值。

6．答案：A、C、D

解析：在使用UPDATE语句时，需要指定要更新的表名；SET子句用于指定要更新的列和新值；如果UPDATE语句是在事务中执行的，那么可以通过ROLLBACK撤销更改，所以选项A、C、D正确。虽然WHERE子句通常用于限制更新的范围以避免意外的全表更新，但它不是必需的，选项B的说法不正确。

7．答案：A、B、C、D

解析：等值连接、非等值连接、自身连接和外连接都是连接查询中的连接类型。

8．答案：A、B、C、D

3.3.3 判断题答案与解析

1. 答案：(×)

解析：SQL 是一种非过程化的语言，它允许用户指定需要的数据，但不需要指定数据的获取过程。

2. 答案：(√)

解析：嵌入式 SQL 是一种将 SQL 语句嵌入宿主语言中的技术，允许程序员在应用程序中直接执行 SQL 语句。

3. 答案：(√)

解析：聚簇索引确实可以提高查询性能，因为它将数据在物理上按索引顺序存储。但这也意味着每次插入新数据时，可能需要移动更多的数据块，从而降低插入性能。

4. 答案：(√)

解析：触发器是数据库中的一种对象，当满足特定条件（如 INSERT、UPDATE 或 DELETE）时，触发器会自动执行相应的操作。

5. 答案：(×)

解析：SQL 中的聚合函数不仅可以对数值型数据进行操作，还可以对非数值型数据进行操作。例如，不论列的数据类型是什么，COUNT 函数都可以计算表中的行数。

6. 答案：(×)

解析：一旦使用 DROP DATABASE 语句删除了数据库，被删除的数据就无法再恢复。

7. 答案：(√)

解析：在 SQL Server 中，唯一索引可以确保索引列中的值不重复，除非列中的值被明确设置为 NULL。作为未知或缺失的数据，NULL 值被允许在唯一索引列中重复。

8. 答案：(√)

9. 答案：(√)

解析：当使用 INSERT INTO…SELECT…语句时，目标表的结构（即列的数量、数据类型和顺序）必须与子查询返回的结果集的结构完全匹配，否则会出现错误。

10. 答案：(√)

解析：如果 DELETE FROM 语句中省略了 WHERE 子句，那么执行后表中的所有记录都会被删除。这是一个危险的操作，执行前需谨慎考虑。

11. 答案：(×)

解析：视图的定义可以通过 ALTER VIEW 语句进行修改。

12. 答案：(√)

解析：HAVING 子句用于过滤由 GROUP BY 子句返回的分组结果。它通常与聚合函数一起使用，用于指定过滤条件。

3.3.4 填空题答案

1. DELETE
2. DML
3. UNIQUE
4. UNION 或 UNION ALL

5. PRIMARY KEY
6. DISTINCT
7. LIKE
8. GROUP BY
9. DROP VIEW
10. AS
11. WHERE A IS NULL

3.3.5 简答题参考答案

1. 参考答案

SQL 的五大特点包括功能齐全（支持数据定义、数据查询、数据操纵和数据控制等多种功能）、高度非过程化（用户只需指定所需数据，无须描述如何获取数据）、面向集合的操作方式（一次操作多行数据）、统一的语法结构（不同数据库管理系统中的 SQL 语法基本一致）、简单易学（语法简洁明了，易于学习和使用）。

2. 参考答案

视图是 SQL 中的一个重要概念，它是基于 SQL 查询的虚拟表。视图的作用包括简化复杂查询，通过视图可以将复杂的查询逻辑封装起来，使用户可以通过简单的查询来访问数据；隐藏数据复杂性，视图可以隐藏数据的复杂性和物理存储细节，只向用户展示他们关心的数据；安全性控制，通过视图可以控制用户对数据的访问权限，只允许用户访问视图中的数据，而不允许其直接访问底层数据表；实现数据的逻辑独立性，当数据表结构发生变化时，只需要修改视图的定义而不需要修改应用程序中的查询语句。

3. 参考答案

聚簇索引决定了数据表中数据的物理存储顺序，数据行的物理位置与索引键的顺序相匹配。非聚簇索引与数据的物理存储顺序无关，它包含指向数据表中数据的指针。一个表只能有一个聚簇索引，但可以创建多个非聚簇索引。

4. 参考答案

索引的弊端包括占用额外的磁盘空间、降低表的更新速度（因为需要维护索引结构）以及在某些情况下（查询没有使用到索引或者索引不是最优的）可能导致查询性能下降。

不建议为表建立索引的情况包括表中的数据很少、表中的数据频繁地更新或插入、索引列的选择性很低（即列中的值很接近或者有很多重复值）。

在设计数据库时，是否为一个列建立索引需要权衡多个因素：首先，考虑查询性能，如果经常需要根据该列进行查询，并且查询性能很关键，那么建立索引可能是有益的；其次，考虑索引的维护成本，包括索引占用的磁盘空间以及更新、插入和删除操作对索引的影响；最后，考虑索引的选择性，即列中不同值的比例，选择性高的列更适合建立索引。

3.3.6 应用题参考答案

1. 参考答案

（1）SELECT * FROM R WHERE D=5;。

（2）SELECT B,D FROM R WHERE C='a';。

（3）SELECT * FROM R,S WHERE R.D=S.D;。

（4）SELECT R.B,S.E FROM R,S WHERE R.D=S.D AND R.C='b';。

（5）SELECT * FROM R UNION SELECT * FROM T;。

2. 参考答案

（1）SQL 语句如下。

```
SELECT Borrower.Name
FROM Borrower
JOIN Loan ON Borrower.BorrowerID = Loan.BorrowerID
JOIN Book ON Loan.BookID = Book.BookID
WHERE Book.Title = '数据库系统原理' AND Borrower.Gender = '女';
```

（2）SQL 语句如下。

```
SELECT Name, Gender, Age
FROM Borrower
WHERE Age > (SELECT Age FROM Borrower WHERE Name = '韩梅梅');
```

（3）SQL 语句如下。

```
SELECT Borrower.Name, Book.Title, Book.Publisher, Book.Price
FROM Borrower
JOIN Loan ON Borrower.BorrowerID = Loan.BorrowerID
JOIN Book ON Loan.BookID = Book.BookID
ORDER BY Borrower.Name;
```

（4）SQL 语句如下。

```
SELECT Borrower Name, SUM(Book.Price) AS TotalPrice
FROM Borrower
JOIN Loan ON Borrower.BorrowerID = Loan.BorrowerID
JOIN Book ON Loan.BookID = Book.BookID
WHERE Loan.ReturnState = 0
GROUP BY Borrower.Name
HAVING COUNT(Loan.LoanID) >= 3
ORDER BY TotalPrice DESC;
```

（5）SQL 语句如下。

```
SELECT BookID, Title, Author, Publisher, Price
FROM Book
WHERE Title LIKE '%数据结构%'
UNION
SELECT BookID, Title, Author, Publisher, Price
FROM Book
WHERE Author = '林书凡';
```

（6）SQL 语句如下。

```
SELECT Borrower.Name, Borrower.Gender
FROM Loan
JOIN Book  ON Loan.BookID = Book.BookID
JOIN Borrower ON Loan.BorrowerID = Borrower.BorrowerID
WHERE Book.Title = '数据结构'
 AND Book.Publisher = '人民邮电出版社'
 AND Loan.LoanDate BETWEEN '2024-01-01' AND '2024-06-30';
```

（7）SQL 语句如下。

```
SELECT b.BorrowerID
FROM Borrower b
WHERE NOT EXISTS (
    SELECT *
    FROM Book bk
    WHERE NOT EXISTS (
        SELECT *
        FROM Loan l
        WHERE l.BorrowerID = b.BorrowerID
        AND l.BookID = bk.BookID
    )
);
```

（8）SQL 语句如下。

```
SELECT AVG(Age) AS AverageAge FROM Borrower;
```

（9）SQL 语句如下。

```
SELECT DISTINCT b2.BorrowerID
FROM Borrower b2
WHERE b2.BorrowerID <> 5
AND NOT EXISTS (
    SELECT *
    FROM Loan l1
    WHERE l1.BorrowerID = 5
    AND NOT EXISTS (
        SELECT *
        FROM Loan l2
        WHERE l2.BorrowerID = b2.BorrowerID
        AND l2.BookID = l1.BookID
    )
);
```

（10）SQL 语句如下。

```
SELECT YEAR(LoanDate) AS Year, COUNT(*) AS TotalBorrowed
FROM Loan
GROUP BY YEAR(LoanDate)
ORDER BY Year;
```

（11）SQL 语句如下。

```
SELECT Title, Author, Publisher,Price
FROM Book
WHERE Price > (
        SELECT Price
        FROM Book
        WHERE ISBN = '9787302549752'
 )
ORDER BY Price DESC;
```

（12）SQL 语句如下。

```
SELECT Title, Publisher, Price
FROM Book
```

```
WHERE Publisher != '人民邮电出版社'
AND Price < ALL (
    SELECT Price
    FROM Book
    WHERE Publisher = '人民邮电出版社'
);
```

（13）SQL 语句如下。

```
SELECT Title
FROM Book
WHERE Publisher = (
        SELECT Publisher
        FROM Book WHERE
        Title = '数据库系统原理'
);
```

（14）SQL 语句如下。

```
SELECT Name
FROM Borrower
WHERE BorrowerID IN (
    SELECT BorrowerID
    FROM Loan
    WHERE BookID=(SELECT BookID FROM Book WHERE Title = '数据库系统原理')
)
INTERSECT
SELECT Name
FROM Borrower
WHERE BorrowerID IN (
    SELECT BorrowerID
    FROM Loan
    WHERE BookID=(SELECT BookID FROM Book WHERE Title = '数据结构')
 );
```

3．参考答案

（1）SQL 语句如下。

```
CREATE TABLE Book (
    BookID INT PRIMARY KEY IDENTITY(1,1),
    Title VARCHAR(255),
    Author VARCHAR(100),
    Publisher VARCHAR(100),
    PublicationDate DATE,
    ISBN VARCHAR(50),
    NumberOfPages INT
);
```

（2）SQL 语句如下。

```
ALTER TABLE Book
ALTER COLUMN Author VARCHAR(50);
```

（3）SQL 语句如下。

```
ALTER TABLE Book
ADD Status CHAR(1) NOT NULL DEFAULT '0' CHECK (Status IN ('0', '1'));
```

（4）SQL 语句如下。

```
CREATE INDEX idx_NumberOfPages_Desc ON Book (NumberOfPages DESC);
```

（5）SQL 语句如下。

```
CREATE UNIQUE INDEX idx_ISBN_Asc ON Book (ISBN ASC);
```

（6）SQL 语句如下。

```
CREATE VIEW View_BooksOver300Pages AS
SELECT *
FROM Book
WHERE NumberOfPages > 300
WITH CHECK OPTION;
```

（7）SQL 语句如下。

```
SELECT * FROM View_BooksOver300Pages WHERE Publisher='人民邮电出版社';
```

（8）SQL 语句如下。

```
INSERT INTO Book (Title,Author,Publisher, PublicationDate, ISBN,
NumberOfPages)
VALUES ('数据库系统原理', '林子雨', '人民邮电出版社', '2024-04-01', '978-7-115-
63182-4', 314);
```

（9）SQL 语句如下。

```
UPDATE Book
SET Title = '数据结构'
WHERE ISBN = '978-7-115-60320-3';
```

（10）SQL 语句如下。

```
DELETE FROM Book
WHERE BookID = 1010;
```

3.4 实验 2：SQL 的使用

3.4.1 实验目的

（1）掌握使用 SQL 语句实现数据库的创建、表的定义和维护的方法。

（2）掌握使用 INSERT 语句、UPDATE 语句、DELETE 语句对表中数据执行增、删、改等操作的方法。

（3）掌握 SELECT 语句在单表查询、连接查询、子查询和其他复杂查询中的应用。

（4）掌握使用 SQL 语句实现索引的创建与删除的方法。

（5）掌握使用 SQL 语句实现视图的创建、应用与删除的方法。

3.4.2 实验平台

（1）操作系统：Windows 7 及以上。

（2）DBMS：SQL Server 2022 Express。

（3）数据库管理工具：SQL Server Management Studio 19。

（4）数据库文件：LibraryManagement.mdf 文件与 LibraryManagement.ldf 文件。

3.4.3 实验内容

1. 数据库与表的定义

（1）使用 SQL 语句，在 SSMS 中创建数据库 Library，把 Library 切换为当前数据库。

【参考答案】

创建数据库 Library 并将其切换为当前数据库的 SQL 语句如下。

```
CREATE DATABASE Library;
USE Library;
```

注意，USE Library 需待 Library 创建成功再执行。

（2）在 Library 中创建图书信息表 Book，Book 包含的属性（列名为英文，中文为列的备注，含列的约束）：BookID 主码，Title 书名（非空），Author 作者（非空），AuthorIntroduction 作者简介，Publisher 出版社，PublicationDate 出版日期，ISBN 书号，NumberOfPages 图书总页数（大于 30），Price 图书定价。

【参考答案】

创建表 Library 的 SQL 语句如下。

```
CREATE TABLE Book (
    BookID INT IDENTITY(1,1)PRIMARY KEY,        -- 主码
    Title VARCHAR(255) NOT NULL,    -- 书名（非空）
    Author VARCHAR(255) NOT NULL,   -- 作者（非空）
    AuthorIntroduction VARCHAR(MAX),-- 作者简介
    Publisher VARCHAR(255),         -- 出版社
    PublicationDate DATE,           -- 出版日期
    ISBN VARCHAR(50),               -- 书号
    NumberOfPages INT CHECK (NumberOfPages > 30), --图书总页数（大于 30）
    Price money              -- 图书定价
);
```

（3）修改 ISBN 列的长度为 20，新增列 Description（图书简介），删除列 AuthorIntroduction，取消 NumberOfPages > 30 的约束，增加 Price > 0 的约束，然后取消 Price > 0 的约束。

【参考答案】

对应的 SQL 语句参考如下。

```
-- 修改 ISBN 列的长度为 20
ALTER TABLE Book
ALTER COLUMN ISBN VARCHAR(20);

-- 新增列 Description（图书简介）
ALTER TABLE Book
ADD Description VARCHAR(255);

-- 删除列 AuthorIntroduction
ALTER TABLE Book
DROP COLUMN AuthorIntroduction;

-- 取消 NumberOfPages > 30 的约束（此方法将删除该列上的所有约束）
ALTER TABLE Book
ALTER COLUMN NumberOfPages INT;
```

```
--增加 Price>0 的约束
ALTER TABLE Book
ADD CONSTRAINT CK_Price_GreaterThanZero CHECK (Price > 0);

--取消 Price>0 的约束
ALTER TABLE Book
DROP CONSTRAINT CK_Price_GreaterThanZero;
```

（4）创建借阅者信息表 Borrower 和借阅信息表 Loan，然后为表 Loan 的 BookID 和 BorrowerID 创建外码约束（它们分别参照表 Book 和表 Borrower 的主码）。

【参考答案】

创建借阅者信息表 Borrower 的 SQL 语句如下。

```
CREATE TABLE Borrower (
    BorrowerID INT IDENTITY(1,1) PRIMARY KEY, --借阅者编号
    Name VARCHAR(100) NOT NULL,  --姓名
    Gender CHAR(1) ,  --性别
    Age INT,--年龄
    Phone VARCHAR (20),   --电话号码
    Email VARCHAR (100)   --电子邮箱
);
```

创建借阅信息表 Loan 的 SQL 语句如下。

```
CREATE TABLE Loan (
    LoanID INT IDENTITY(1,1) PRIMARY KEY,
    BookID INT NOT NULL,
    BorrowerID INT NOT NULL,
    LoanDate DATE NOT NULL,  --借阅日期
    ExpectedReturnDate DATE, --应还日期
    ActualReturnDate DATE  --实际归还日期
    );
```

表 Loan 中 BookID 和 BorrowerID 的外码约束定义如下。

```
-- 表 Loan 中 BookID 的外码约束
ALTER TABLE Loan
ADD CONSTRAINT FK_Loan_Book
FOREIGN KEY (BookID) REFERENCES Book(BookID);

--表 Loan 中 BorrowerID 的外码约束
ALTER TABLE Loan
ADD CONSTRAINT FK_Loan_Borrower
FOREIGN KEY (BorrowerID) REFERENCES Borrower(BorrowerID);
```

2. 数据更新

（1）使用 SQL 语句，在表 Book 中插入 3 条记录；修改第二条记录（BookID=2）中的书名为“Python 编程技术”；删除第二条记录。

【参考答案】

使用 INSERT INTO 语句在表 Book 中插入 3 条记录。

```
-- 插入第一条记录
INSERT INTO Book (Title, Author, Publisher, PublicationDate, ISBN,
```

```
NumberOfPages, Price)
    VALUES ('SQL Server 技术 ', '张三', '人民邮电出版社', '2023-01-01',
'9787302000001', 350, 69.99);

    -- 插入第二条记录
    INSERT INTO Book (Title, Author, Publisher, PublicationDate, Price)
    VALUES ('Java 高级编程', '王五', '科技出版社', '2023-05-01', 89.99);

    -- 插入第三条记录
    INSERT INTO Book (Title, Author, Publisher, PublicationDate, ISBN,
NumberOfPages, Price)
    VALUES ('Python 编程', '李四', '电子工业出版社', '2022-12-01', '9787121000002',
420, 79.99);
```

修改第二条记录中的书名为“Python 编程技术”，SQL 语句如下。

```
UPDATE Book SET Title = 'Python 编程技术'
WHERE BookID = 2;
```

删除第二条记录，SQL 语句如下。

```
DELETE FROM Book WHERE BookID = 2;
```

（2）使用 SELECT INTO 语句创建新表 BookEIPublisher，其结构同表 Book，数据来自表 Book 中出版社为“电子工业出版社”的图书记录。

【参考答案】

以下 SQL 语句可用于创建新表并插入数据。注意，用这种方式创建的表 BookEIPublisher，和表 Book 具有相同的列，但列上的约束（除了 NOT NULL），包括主码和外码，并未同期建立。

```
SELECT *
INTO BookEIPublisher
FROM Book
WHERE Publisher = '电子工业出版社';
```

（3）使用 DELETE 语句，从表 Book 中删除表 BookEIPublisher 包含的记录。

【参考答案】

删除语句如下。

```
DELETE FROM Book
WHERE BookID IN (SELECT BookID FROM BookEIPublisher);
```

（4）删除表 BookEIPublisher 中的所有数据，然后删除表 BookEIPublisher，比较删除表数据和删除表的区别。

【参考答案】

```
--删除表 BookEIPublisher 中的所有数据
DELETE FROM BookEIPublisher;

--删除表 BookEIPublisher
DROP TABLE BookEIPublisher;
```

DELETE 语句删除的是表中的数据，表还存在，还可以通过 INSERT 语句为这个表添加记录；而 DROP TABLE 语句会删除表数据和表结构，使表不再存在。

3. 数据查询

使用实验 1 介绍的附加数据库的方法，把 LibraryManagement.mdf 文件与

LibraryManagement.ldf 文件附加到 SQL Server，生成数据库 LibraryManagement。后面的实验基于 LibraryManagement 展开。

LibraryManagement 中的数据库表结构如下。

- Book(BookID,Title,Author,Publisher,PublicationDate,ISBN,NumberOfPages,Price)：图书信息表(图书编号,书名,作者,出版社,出版日期,ISBN,总页数,价格)。
- Borrower(BorrowerID,Name,Gender,Age,Phone,Email)：借阅者信息表(借阅者编号,姓名,性别,年龄,电话号码,电子邮箱)。
- Loan(LoanID, BookID, BorrowerID, LoanDate, ExpectedReturnDate ,ActualReturnDate)：借阅信息表(借阅记录编号,图书编号,借阅者编号,借阅日期,应还日期,实际归还日期)。

请基于 LibraryManagement 使用 SQL 语句完成以下查询。

（1）查询出版年份为 2024 的所有图书的名称、ISBN，并按图书名称升序排列。

（2）查询书名包含“Python”的图书的所有信息。

（3）查询出版图书数量大于 3 的出版社及其出版的图书数量。

（4）查询年龄大于 30 岁的借阅者姓名与性别。

（5）统计借阅者中男性的数量与女性的数量。

（6）统计各年份出版图书数量。

（7）查询图书平均价格、最高价格与最低价格。

（8）统计借同一种书的借阅者的数量。

（9）查询 2023 年到 2024 年期间，每种图书被借阅的次数（包含未被借出的），列出书名和被借阅次数。

（10）查询编号为 5 的借阅者借阅的所有图书的名称。

（11）利用集合运算，查询借阅了书名为“算法导论”或“软件体系设计”的图书的借阅者编号。

（12）统计每个借阅者（包含从未借阅过的）的借阅次数和总的借阅天数（实际归还日期-借阅日期）。

（13）查找李婷婷借阅的图书的编号、名称、作者，以及借阅日期、实际归还日期。

（14）统计每种书的借阅人数和借阅者平均年龄。

（15）查询和编号为 6 的借阅者借阅过同一种书的其他借阅者的编号。

（16）查询与书名为“算法导论”的图书的出版社相同的其他图书的名称。

（17）查询所出版的图书比人民邮电出版社出版的所有图书都便宜的出版社的名称。

（18）查询未被借阅过的图书的编号。

（19）查询借阅过所有图书的借阅者的姓名。

（20）查询比人民邮电出版社出版的所有图书都便宜的图书的名称（要求使用关键字 ALL）。

（21）查询比人民邮电出版社出版的某一种图书便宜的其他出版社出版的的图书名称（要求使用关键字 ANY）。

【参考答案】

```
--（1）查询出版年份为 2024 的所有图书的名称、ISBN，并按图书名称升序排列
SELECT Title,ISBN
FROM Book
```

```
WHERE YEAR(PublicationDate)='2024'
ORDER BY Title

--（2）查询书名包含“Python”的图书的所有信息
SELECT *
FROM Book
WHERE Title LIKE '%Python%';

--（3）查询出版图书数量大于 3 的出版社及其出版的图书数量
SELECT Publisher,COUNT(*) AS BooksNumber
FROM  Book
GROUP BY Publisher
HAVING COUNT(*)>3;

--（4）查询年龄大于 30 岁的借阅者姓名与性别
SELECT Name,Gender
FROM Borrower
WHERE Age>30;

--（5）统计借阅者中男性的数量与女性的数量
SELECT Gender,COUNT(*) AS Number
FROM Borrower
GROUP BY Gender;

--（6）统计各年份出版图书数量
SELECT YEAR(PublicationDate) AS PublicationYear, COUNT(*) AS BookCount
FROM  Book
GROUP BY YEAR(PublicationDate)
ORDER BY PublicationYear

--（7）查询图书平均价格、最高价格与最低价格
SELECT
    AVG(Price) AS AveragePrice,
    MAX(Price) AS HighestPrice,
    MIN(Price) AS LowestPrice
FROM Book;

--（8）统计借同一种书的借阅者的数量
-- 针对一位借阅者多次借同一种书的情况，DISTINCT BorrowerID 确保只统计一次
SELECT  BookID, COUNT(DISTINCT BorrowerID) AS NumberOfBorrowers
FROM   Loan
GROUP BY  BookID;

--（9）查询 2023 年到 2024 年期间，每种图书被借阅的次数（包含未被借出的），列出书名和被借阅次数
SELECT Book.Title, COUNT(Loan.LoanID) AS BorrowCount
FROM   Book
LEFT JOIN  Loan  ON Book.BookID = Loan.BookID AND Loan.LoanDate BETWEEN '2023-01-01' AND '2024-12-31'
GROUP BY Book.Title
```

```
--(10)查询编号为5的借阅者借阅的所有图书的名称
SELECT Book.Title
FROM Loan
JOIN  Book ON Book.BookID = Loan.BookID
WHERE Loan.BorrowerID = 5;

--(11)利用集合运算，查询借阅了书名为"算法导论"或"软件体系设计"的图书的借阅者编号
SELECT DISTINCT BorrowerID
FROM Loan
JOIN Book ON Loan.BookID = Book.BookID
WHERE Book.Title = '算法导论'
UNION
SELECT DISTINCT BorrowerID
FROM Loan
JOIN Book ON Loan.BookID = Book.BookID
WHERE Book.Title = '软件体系设计';

--(12)统计每个借阅者(包含从未借阅过的)的借阅次数和总的借阅天数(实际归还日期-借阅日期)
-- DATEDIFF 计算两个日期之间的天数，COALESCE 替换 NULL 为默认值
SELECT  Borrower.BorrowerID,Borrower.Name,
        COUNT(Loan.LoanID) AS BorrowCount,
        COALESCE(SUM(DATEDIFF(DAY, Loan.LoanDate, Loan.ActualReturnDate)), 0)
        AS TotalBorrowDays
FROM  Borrower
LEFT JOIN Loan ON Borrower.BorrowerID = Loan.BorrowerID
GROUP BY Borrower.BorrowerID, Borrower.Name;

--(13)查找李婷婷借阅的图书的编号、名称、作者，以及借阅日期、实际归还日期
SELECT  B.BookID, B.Title, B.Author, L.LoanDate, L.ActualReturnDate
FROM  Book B
JOIN  Loan L ON B.BookID = L.BookID
JOIN  Borrower BR ON L.BorrowerID = BR.BorrowerID
WHERE BR.Name = '李婷婷';

--(14)统计每种书的借阅人数和借阅者平均年龄
SELECT B.Title,
       COUNT(DISTINCT L.BorrowerID) AS BorrowersCount,
       AVG(BR.Age) AS AverageAge
FROM   Book B
JOIN   Loan L ON B.BookID = L.BookID
JOIN   Borrower BR ON L.BorrowerID = BR.BorrowerID
GROUP BY B.Title;

--(15)查询和编号为6的借阅者借阅过同一种书的其他借阅者的编号
SELECT DISTINCT L2.BorrowerID
FROM Loan AS L1
JOIN Loan AS L2 ON L1.BookID = L2.BookID
WHERE L1.BorrowerID = 6 AND L2.BorrowerID <>6;
```

```
--（16）查询与书名为“算法导论”的图书的出版社相同的其他图书的名称
SELECT B.Title
FROM Book B
WHERE B.Publisher = (
    SELECT P.Publisher
    FROM Book P
    WHERE P.Title = '算法导论'
) AND B.Title <> '算法导论';

--（17）查询所出版的图书比人民邮电出版社出版的所有图书都便宜的出版社的名称
SELECT DISTINCT B.Publisher
FROM Book B
WHERE NOT EXISTS (
    SELECT *
    FROM Book BK
    WHERE BK.Publisher = '人民邮电出版社' AND BK.Price > B.Price
)
AND B.Publisher <> '人民邮电出版社';

--（18）查询未被借阅过的图书的编号
SELECT B.BookID
FROM Book B
WHERE NOT EXISTS (
    SELECT *
    FROM Loan L
    WHERE B.BookID = L.BookID
);

--（19）查询借阅过所有图书的借阅者的姓名
SELECT  L.Name
FROM Borrower L
WHERE NOT EXISTS (
    SELECT *
    FROM Book B
    WHERE NOT EXISTS (
        SELECT 1
        FROM Loan
        WHERE Loan.BookID = B.BookID AND Loan.BorrowerID = L.BorrowerID
    )
);

--（20）查询比人民邮电出版社出版的所有图书都便宜的图书的名称（要求使用关键字 ALL）
SELECT Title
FROM Book
WHERE Price < ALL (
    SELECT Price
    FROM Book
    WHERE Publisher = '人民邮电出版社'
```

```
    );

--（21）查询比人民邮电出版社出版的某一种图书便宜的其他出版社出版的的图书的名称（要求使用关键字 ANY）
SELECT Title
FROM Book
WHERE Price < ANY (
    SELECT Price
    FROM Book
    WHERE Publisher = '人民邮电出版社'
) AND Publisher!='人民邮电出版社';
```

4. 索引和视图

（1）为表 Book 创建 ISBN 列上的唯一索引。

【参考答案】

```
CREATE UNIQUE INDEX idx_unique_isbn ON Book(ISBN);
```

（2）删除表 Book 在 BookID 列上的聚簇索引，为 Title 列添加聚簇索引。

【参考答案】

先删除原聚簇索引（SQL Server 在建表时默认为主码创建了聚簇索引，假设原索引名为 PK_Book_BookID），再创建新的聚簇索引。

```
DROP INDEX Book.PK_Book_BookID;
CREATE CLUSTERED INDEX PK_Book_Title ON Book(Title);
```

（3）创建年龄大于 30 岁的借阅者视图，要求数据更新时进行检查。通过该视图插入第一条借阅者信息：姓名是刘丽丽，性别是女，年龄是 45 岁，电话号码是 19987654321。通过该视图插入第二条借阅者信息：姓名是张华，性别是男，年龄是 25 岁，电话号码是 19912345678。查看插入结果并分析。通过视图删除刘丽丽的信息。

【参考答案】

```
--创建视图
CREATE VIEW BorrowersOver30 AS
SELECT BorrowerID, Name, Gender, Age, Phone, Email
FROM Borrower
WHERE Age > 30
WITH CHECK OPTION;

--通过视图插入第一条数据
INSERT INTO BorrowersOver30(Name, Gender, Age, Phone) VALUES
('刘丽丽','女',45,'19987654321');

--通过视图插入第二条数据
INSERT INTO BorrowersOver30(Name, Gender, Age, Phone) VALUES
('张华','男',25,'19912345678');
--插入数据的 Age 字段不满足视图创建的约束条件“年龄大于 30 岁”时，系统会提示“目标视图或者目标视图所跨越的某一视图指定了 WITH CHECK OPTION，而该操作的一个或多个结果行又不符合 CHECK OPTION 约束。”插入操作失败。

--通过视图删除一条数据
DELETE  FROM BorrowersOver30 WHERE Name='刘丽丽';
```

（4）创建借阅人民邮电出版社出版图书的借阅者编号、姓名、性别、年龄的视图，并利用 SELECT 语句查询该视图包含的所有信息，然后删除该视图。

【参考答案】

```
--创建基于多表的视图
CREATE VIEW BorrowersOfMIPress AS
SELECT
   Borrower.BorrowerID,
   Borrower.Name,
   Borrower.Gender,
   Borrower.Age
FROM    Borrower
JOIN    Loan ON Borrower.BorrowerID = Loan.BorrowerID
JOIN    Book ON Loan.BookID = Book.BookID
WHERE   Book.Publisher = '人民邮电出版社';

--通过视图查询数据
SELECT * FROM BorrowersOfMIPress;

--删除视图
DROP VIEW BorrowersOfMIPress;
```

3.5 本章小结

SQL 是关系数据库的标准语言，掌握 SQL 的应用至关重要。本章通过提供大量的选择题、判断题、填空题与简答题，帮助读者了解 SQL 的特点，熟练掌握 SQL 的应用，并进一步通过精心设计的应用题提高读者的综合应用能力。实验 2 针对 SQL 在数据定义、数据更新、数据查询、索引和视图等领域的应用，训练了读者灵活运用 SQL 的能力。

第 4 章 关系数据库编程

关系数据库编程主要是指利用关系数据库提供的一些命令、方法、存储过程、编程接口，编写对数据进行增、删、改、查等各项操作的代码，从而实现复杂的应用逻辑。《数据库系统原理（微课版）》第 4 章“关系数据库编程”介绍了 Transact-SQL 及其相关功能、ODBC 编程及其工作原理以及如何利用 JDBC 访问数据库进行关系数据库编程。

4.1 基本知识点

《数据库系统原理（微课版）》第 4 章需要了解和掌握的知识点具体如下。

- 了解 Transact-SQL 的相关基础知识，如变量、表达式、运算符等。
- 掌握 Transact-SQL 游标、Transact-SQL 存储过程和 Transact-SQL 函数的相关知识，并能够灵活运用这些知识实现复杂的应用逻辑。
- 了解 ODBC 工作原理，掌握利用 JDBC 进行关系数据库编程的相关方法。

4.2 习题

4.2.1 单选题

1. 如何创建数据表？（　　）

A. SELECT TABLE new_table　　B. CREATE TABLE new_table

C. ALTER TABLE new_table　　D. DROP TABLE new_table

2. 如何向数据表中插入数据？（　　）

A. INSERT INTO table_name (column1, column2) VALUES (value1, value2)

B. SELECT INTO table_name (column1, column2) VALUES (value1, value2)

C. UPDATE table_name (column1, column2) VALUES (value1, value2)

D. ALTER INTO table_name (column1, column2) VALUES (value1, value2)

3. 在 Transact-SQL 中，如何删除数据表中的记录？（　　）
   A. DROP FROM table_name WHERE condition
   B. DELETE FROM table_name WHERE condition
   C. ALTER FROM table_name WHERE condition
   D. TRUNCATE FROM table_name WHERE condition
4. 在 Transact-SQL 中，以下哪个关键字用于连接多个表的数据？（　　）
   A. JOIN　　B. UNION
   C. MERGE　　D. CONNECT
5. 如何对查询结果进行排序？（　　）
   A. SORT BY column_name ASC|DESC
   B. ORDER BY column_name ASC|DESC
   C. RANK BY column_name ASC|DESC
   D. ARRANGE BY column_name ASC|DESC
6. 以下哪个选项不是 Transact-SQL 中的 DML 命令？（　　）
   A. SELECT　　B. INSERT　　C. UPDATE　　D. CREATE
7. 如何使用 Transact-SQL 查看数据库中所有表的列表？（　　）
   A. SELECT * FROM TABLES　　B. EXECUTE sp_helpdb
   C. EXECUTE sp_tables　　D. SHOW TABLES
8. 在 Transact-SQL 中，如何为表中的列设置默认值？（　　）
   A. ALTER TABLE COLUMN column_name SET DEFAULT value
   B. SET DEFAULT TO column_name IN table_name
   C. ALTER TABLE table_name ADD DEFAULT value FOR column_name
   D. ALTER TABLE table_name ALTER COLUMN column_name SET DEFAULT value
9. Transact-SQL 主要用于以下哪个数据库管理系统？（　　）
   A. Oracle　　B. MySQL
   C. Microsoft SQL Server　　D. PostgreSQL
10. 在 Transact-SQL 中，以下哪个函数用于返回字符串的长度？（　　）
   A. LENGTH()　　B. COUNT()　　C. LEN()　　D. SIZE()

4.2.2 多选题

1. 在 Transact-SQL 中，以下哪些函数可以返回当前日期和时间？（　　）
   A. GETDATE()　　B. CURRENT_DATE()
   C. NOW()　　D. CURRENT_TIMESTAMP()
2. Transact-SQL 中的控制流语句包括哪些？（　　）
   A. BEGIN TRANSACTION　　B. COMMIT
   C. ROLLBACK　　D. SELECT
3. Transact-SQL 中的逻辑运算符包括哪些？（　　）
   A. AND　　B. OR
   C. NOT　　D. BETWEEN

4. 以下哪些 Transact-SQL 语句可以用于设置或更改数据库用户权限？（ ）

A. GRANT
B. ALTER TABLE
C. REVOKE
D. DENY

5. ODBC 的主要组成部分包括哪些？（ ）

A. 驱动程序管理器
B. 驱动程序
C. 数据源名称（DSN）
D. SQL 语句
E. 结果集

6. 关于 Transact-SQL 中的事务处理，以下哪些说法是正确的？（ ）

A. 事务是一系列作为单个逻辑单元执行的 SQL 语句
B. 使用 BEGIN TRANSACTION 语句开始一个事务
C. COMMIT 语句用于保存事务中所做的所有更改
D. ROLLBACK 语句用于撤销事务中所做的所有更改
E. 事务处理只适用于数据修改操作，不适用于数据查询操作

7. 在使用 JDBC 连接数据库时，以下哪些步骤是必需的？（ ）

A. 加载并注册 JDBC 驱动程序
B. 创建与数据库的连接
C. 创建 Statement 或 PreparedStatement 对象
D. 执行 SQL 语句并处理结果
E. 关闭连接和释放资源

8. 以下关于 Transact-SQL 中 SELECT 语句的描述，哪些是正确的？（ ）

A. SELECT 语句用于从数据库中选择数据
B. SELECT 语句可以包含 WHERE 子句来过滤结果
C. SELECT 语句的 DISTINCT 关键字用于返回唯一值
D. SELECT 语句可以修改数据库中的数据
E. SELECT 语句必须与 UPDATE 语句一起使用

9. 关于 Transact-SQL，以下哪些说法是正确的？（ ）

A. Transact-SQL 是 SQL Server 所使用的 SQL 的扩展
B. Transact-SQL 只用于数据查询，不支持数据操作
C. Transact-SQL 支持事务处理
D. Transact-SQL 只能在 Windows 操作系统上运行
E. Transact-SQL 中的存储过程是一组为了完成特定功能的 Transact-SQL 语句的集合

10. 以下关于 ODBC 的描述，哪些是正确的？（ ）

A. 提供数据库应用程序与数据库之间的标准接口
B. 是一种关系数据库管理系统
C. 允许应用程序通过统一的 API 访问不同的数据库
D. ODBC 驱动程序由数据库管理系统供应商提供
E. ODBC 只能在 Windows 操作系统上使用

4.2.3 判断题

1. Transact-SQL 中的 UNION 运算符用于组合两个或多个 SELECT 语句的结果，并自动去除重复行。(　　)

2. 在 Transact-SQL 中，不能使用 ALTER TABLE 语句添加带有默认值的新列。(　　)

3. 在 Transact-SQL 中，以下存储过程会删除表 Employees 中的所有职位是“Manager”的员工：CREATE PROCEDURE DeleteManagers AS BEGIN DELETE FROM Employees WHERE Position = 'Staff'; END。(　　)

4. 在 Transact-SQL 中，以下触发器会在表 Employees 中进行任何更新操作时记录日志：CREATE TRIGGER trgAfterUpdate ON Employees AFTER INSERT AS BEGIN INSERT INTO AuditLog (Action, ActionDate) VALUES ('UPDATE', GETDATE()); END。(　　)

5. 在 Transact-SQL 中，使用 FULL JOIN 只能返回左表和右表中都存在的匹配行。(　　)

6. 在 Transact-SQL 中，ResultSet 对象用于表示 SQL 查询的结果。(　　)

7. 在 Transact-SQL 中，调用 conn.commit()方法会回滚当前事务。(　　)

8. 在 Transact-SQL 中，WHERE 子句可以与 GROUP BY 子句一起使用以过滤聚合结果。(　　)

9. 在 JDBC 中，以下代码会启动一个事务，插入一条记录并提交事务：conn.setAutoCommit(false); stmt.executeUpdate("INSERT INTO Employees (Name, Position) VALUES ('John Doe', 'Manager')"); conn.commit();。(　　)

10. 在 Transact-SQL 中，SELECT INTO 语句用于更新现有表中的数据。(　　)

4.2.4 填空题

1. 用于限制查询结果返回行数的 Transact-SQL 关键字是________。

2. 用于删除表中所有行但保留表结构的 Transact-SQL 语句是________。

3. 在 Transact-SQL 中，________语句用于将一个事务的更改永久保存到数据库。

4. 在 Transact-SQL 中，使用________关键字可以在查询结果中去除重复值。

5. 假设有一个名为“Orders”的表，包含 OrderID 列和 OrderDate 列。使用 Transact-SQL 编写一个查询，查找 2025 年 1 月 1 日之后的所有订单。查询语句是________。

6. 在一个名为“Products”的表中，存在一个名称为“Price”的列。编写一个 Transact-SQL 查询，按价格从高到低对表进行排序，并且只显示前 10 个结果。查询语句是________。

7. 假设有一个名为“Employees”的表，包含 FirstName 列和 LastName 列。编写一个 Transact-SQL 查询，将所有姓氏为“Smith”的员工的名字改为“John”。查询语句是________。

8. 在包含 EmployeeID 列和 Salary 列的表 Employees 中，编写一个 Transact-SQL 查询，把所有员工的工资提高 10%。查询语句是________。

9. 假设有一个名为“Sales”的表，包含 SaleDate 列和 Amount 列。编写一个 Transact-SQL 查询，计算 2025 年每个月的销售总额。查询语句是________。

10. 在 JDBC 中，假设已创建 Statement 对象 stmt，请使用 stmt 对象编写一个语句来执行更新操作，并返回受影响的行数。假设更新语句为“UPDATE Employees SET Salary = Salary * 1.1 WHERE Department = 'Sales'”。使用 stmt 对象编写的语句是________。

4.2.5 简答题

1. ODBC 是什么？它在数据库编程中扮演什么角色？
2. 请描述 JDBC 的主要组成部分及其作用。
3. 在关系数据库编程中，为什么需要使用存储过程和触发器？

4.2.6 应用题

1. 在一个在线商店的数据库中，存在表 Orders，其中包含订单的 ID、OrderDate 和 Amount 字段。请编写一个 Transact-SQL 查询，找出金额超过 1000 元的订单，并计算这些订单的总金额。

2. 在一个库存管理系统中，存在表 Products，其中包含产品的 ID、Name 和 Stock 字段。请编写一个 Transact-SQL 查询，检查每种产品的库存量，如果库存量小于 10 个，则输出产品名称和库存量。

3. 在一个学生成绩管理系统中，存在表 Scores，其中包含学生的 ID、Name 和 MathScore 字段。请编写一个 Transact-SQL 查询，找出数学成绩在 80 分到 90 分之间的学生，并计算这部分学生的平均成绩。

4. 假设有一个员工薪资管理数据库，其中包含一个名为“Employees”的表，用于存储员工的基本信息和薪资，包含 ID、Name 和 Salary 字段，请编写一个 Transact-SQL 存储过程，该存储过程接收员工编号，并检查该员工是否存在。若员工存在且其薪资低于 5000 元，则将该员工的薪资增加 10%；若员工不存在，则输出一条错误信息。

5. 假设有两个表，表 Products 用于存储产品信息，包含产品编号、产品名称、所属分类编号、价格以及库存量。表 Categories 用于存储分类信息，包含分类编号和分类名称。相关表创建语句如下。

```
CREATE TABLE Products (
    ProductID INT PRIMARY KEY,
    ProductName NVARCHAR(100),
    CategoryID INT,
    Price DECIMAL(10, 2),
    StockQuantity INT,
    FOREIGN KEY (CategoryID) REFERENCES Categories(CategoryID)
);

CREATE TABLE Categories (
    CategoryID INT PRIMARY KEY,
    CategoryName NVARCHAR(100)
);
```

请编写一个存储过程，该存储过程接收分类名称，并返回该分类下库存量低于指定阈值（如 10 件）的所有产品的名称和库存量。如果找不到符合条件的产品，则返回一条消息说明情况。

6. 假设有一个员工信息表 Employees，用于存储员工信息，包含员工编号、名、姓以及入职日期。相关表创建语句如下。

```
CREATE TABLE Employees (
    EmployeeID INT PRIMARY KEY,
    FirstName NVARCHAR(50),
    LastName NVARCHAR(50),
    HireDate DATE
);
```

请编写一个用户自定义函数，该函数接收日期，返回在该日期之前入职的员工数量。同时，使用系统函数来获取当前日期，并调用该用户自定义函数来计算截至当前日期入职满一年的员工的数量。

7. 假设有一个产品信息表 Products，用于存储产品编号、产品名称、价格以及库存量。相关表创建语句如下。

```
CREATE TABLE Products (
    ProductID INT PRIMARY KEY,
    ProductName NVARCHAR(100),
    Price DECIMAL(10, 2),
    StockQuantity INT
);
```

请编写一个用户自定义函数，该函数接收产品价格，返回价格高于该价格的所有产品的平均价格。同时，使用系统函数来计算所有产品的平均价格，并比较两者的大小。

8. 假设有一个订单信息表 Orders 和一个订单日志表 OrderLogs，相关表创建语句如下。

```
-- 订单信息表 Orders
CREATE TABLE Orders (
    OrderID INT PRIMARY KEY,
    CustomerID INT,
    OrderDate DATETIME,
    TotalAmount DECIMAL(10,2),
    Status VARCHAR(50)
);

-- 订单日志表 OrderLogs
CREATE TABLE OrderLogs (
    LogID INT PRIMARY KEY,
    OrderID INT,
    LogMessage VARCHAR(255),
    LogDate DATETIME,
    FOREIGN KEY (OrderID) REFERENCES Orders(OrderID)
);
```

请编写一个存储过程 ProcessOrder，实现功能：更新订单状态为“Processed”；插入一条订单处理日志，包括订单编号、日志消息和记录时间。

9. 假设有一个员工信息表 Employees 和一个员工历史记录表 EmployeeHistory，相关表创建语句如下。

```
-- 员工信息表 Employees
CREATE TABLE Employees (
    EmployeeID INT PRIMARY KEY,
    FirstName VARCHAR(50),
    LastName VARCHAR(50),
```

```
    Department VARCHAR(50)
);

-- 员工历史记录表 EmployeeHistory
CREATE TABLE EmployeeHistory (
    HistoryID INT PRIMARY KEY,
    EmployeeID INT,
    OldDepartment VARCHAR(50),
    NewDepartment VARCHAR(50),
    ChangeDate DATETIME,
    FOREIGN KEY (EmployeeID) REFERENCES Employees(EmployeeID)
);
```

请编写一个存储过程 TransferEmployee，实现功能：更新员工信息表中指定员工的部门信息；在员工历史记录表中插入一条新的记录，记录员工的转岗历史。

10. 假设有一个订单处理系统，相关表结构如下。

```
CREATE TABLE Customers (
    CustomerID INT PRIMARY KEY,
    CustomerName NVARCHAR(100),
    ContactName NVARCHAR(100),
    Country NVARCHAR(50)
);
CREATE TABLE Orders (
    OrderID INT PRIMARY KEY,
    CustomerID INT,
    OrderDate DATE,
    Status NVARCHAR(20),
    TotalAmount DECIMAL(10, 2),
    FOREIGN KEY (CustomerID) REFERENCES Customers(CustomerID)
);
CREATE TABLE OrderDetails (
    OrderDetailID INT PRIMARY KEY,
    OrderID INT,
    ProductName NVARCHAR(100),
    Quantity INT,
    UnitPrice DECIMAL(10, 2),
    FOREIGN KEY (OrderID) REFERENCES Orders(OrderID)
);
```

请编写一个存储过程 ProcessOrder，输入参数为订单编号（OrderID），根据订单明细计算订单的总金额并更新，同时更新订单的状态为“Processed”，并返回订单的总金额。

11. 假设有一个库存管理系统，相关表结构如下。

```
CREATE TABLE Products (
    ProductID INT PRIMARY KEY,
    ProductName NVARCHAR(100),
    Stock INT
);

CREATE TABLE StockMovements (
    MovementID INT PRIMARY KEY,
```

```
    ProductID INT,
    MovementType NVARCHAR(10),
    Quantity INT,
    MovementDate DATE,
    FOREIGN KEY (ProductID) REFERENCES Products(ProductID)
);
```

编写一个存储过程 UpdateStock，输入参数为产品编号（ProductID）、移动类型（MovementType，“IN”表示入库，“OUT”表示出库）以及移动数量（Quantity），根据移动类型更新产品库存量，插入库存移动记录，并返回更新后的库存量。

12. 假设有一个客户订单统计系统，相关表结构如下。

```
CREATE TABLE Customers (
    CustomerID INT PRIMARY KEY,
    CustomerName NVARCHAR(100),
    Country NVARCHAR(50)
);

CREATE TABLE Orders (
    OrderID INT PRIMARY KEY,
    CustomerID INT,
    OrderDate DATE,
    TotalAmount DECIMAL(10, 2),
    FOREIGN KEY (CustomerID) REFERENCES Customers(CustomerID)
);
```

请编写一个用户自定义函数 GetCustomerOrderStats()，输入参数为客户编号（CustomerID），返回该客户的订单总数和订单总金额。

4.3 习题答案与解析

4.3.1 单选题答案与解析

1. 答案：B

解析：CREATE TABLE 用于创建数据表，SELECT 用于查询数据，ALTER TABLE 用于修改数据表结构，DROP TABLE 用于删除数据表。

2. 答案：A

解析：INSERT INTO 用于向数据表中插入数据，而 SELECT 用于查询数据，UPDATE 用于更新数据，ALTER 用于修改数据表结构。

3. 答案：B

解析：DELETE FROM 用于删除数据表中的记录，并可以通过 WHERE 子句指定条件，DROP 用于删除整个数据表，TRUNCATE 用于删除表中的所有记录但不记录日志，且通常不带 WHERE 子句。

4. 答案：A

解析：JOIN 用于连接多个表的数据，UNION 用于合并两个或多个查询的结果集，MERGE 用于在单个语句中执行插入、更新或删除操作，而 CONNECT 不是 Transact-SQL

中的关键字。

5. 答案：B

解析：ORDER BY 用于对查询结果进行排序，ASC 表示升序，DESC 表示降序。SORT BY、RANK BY 和 ARRANGE BY 都不是 Transact-SQL 中的关键字。

6. 答案：D

解析：DML 主要用于查询或修改数据。SELECT、INSERT 和 UPDATE 都是 DML 命令，分别用于查询、插入和更新数据。而 CREATE 是 DDL 命令，用于创建数据库对象（如表、视图、索引等）。因此，正确答案是 D。

7. 答案：C

解析：在 Transact-SQL 中，可以使用系统存储过程 sp_tables 来查看数据库中所有表的列表。A 选项的语法不正确，TABLES 通常不是一个可以直接查询的系统表或视图。B 选项的 sp_helpdb 用于获取有关数据库的信息，而不是表的列表。D 选项 SHOW TABLES 是 MySQL 等数据库系统中的命令，不是 Transact-SQL 中的命令。因此，正确答案是 C。

8. 答案：D

解析：在 Transact-SQL 中，要为表中的列设置默认值，应使用 ALTER TABLE 语句，并通过 ALTER COLUMN 子句指定列，使用 SET DEFAULT 子句设置默认值。因此，正确答案是 D。

9. 答案：C

解析：Transact-SQL（T-SQL）是 Microsoft SQL Server 的 ANSI SQL 实现，因此主要用于 Microsoft SQL Server 数据库管理系统。

10. 答案：C

解析：在 Transact-SQL 中，LEN()函数用于返回字符串的长度。

4.3.2 多选题答案与解析

1. 答案：A、D

解析：GETDATE()和 CURRENT_TIMESTAMP()都可以返回当前日期和时间。

2. 答案：A、B、C

解析：BEGIN TRANSACTION、COMMIT 和 ROLLBACK 都是控制流语句，用于控制事务的执行流程。SELECT 是数据操作语句，不属于控制流范畴。

3. 答案：A、B、C

解析：AND、OR 和 NOT 是逻辑运算符，用于连接或否定条件表达式。BETWEEN 是范围运算符，用于指定一个范围，不属于逻辑运算符。

4. 答案：A、C、D

解析：GRANT、DENY 和 REVOKE 都是数据控制语句，用于设置或更改数据库用户的权限。ALTER TABLE 是数据定义语句，用于修改表结构。

5. 答案：A、B、C

解析：驱动程序管理器负责管理 ODBC 驱动程序。驱动程序实现 ODBC API 并与特定的数据库进行通信。数据源名称（DSN）用于标识数据库连接信息。SQL 语句和结果集并不是 ODBC 的组成部分，而是使用 ODBC 进行数据库操作时涉及的内容。因此，D 和 E

选项不是正确答案。

6. 答案：A、B、C、D

解析：在 Transact-SQL 中，事务是一系列作为单个逻辑单元执行的 SQL 语句，它们要么完全执行，要么完全不执行。BEGIN TRANSACTION 语句用于开始一个事务，COMMIT 语句用于保存事务中所做的所有更改，ROLLBACK 语句用于撤销事务中所做的所有更改。事务处理不仅适用于数据修改操作（如 INSERT、UPDATE 和 DELETE），还适用于需要保持数据一致性的数据查询操作。因此，E 选项是不正确的。

7. 答案：A、B、C、D、E

解析：在使用 JDBC 连接数据库时，必须先加载并注册 JDBC 驱动程序，创建与数据库的连接，然后创建 Statement 或 PreparedStatement 对象，执行 SQL 语句并处理结果，最后关闭连接和释放资源。这些步骤是 JDBC 编程必需的，缺一不可。

8. 答案：A、B、C

解析：SELECT 语句用于从数据库中选择数据，并可以通过 WHERE 子句进行过滤，使用 DISTINCT 关键字可以返回唯一值。SELECT 语句本身不用于修改数据，而用于查询数据，不必和 UPDATE 语句一起使用。因此，D 和 E 选项是不正确的。

9. 答案：A、C、E

解析：B 选项错误，Transact-SQL 不仅用于数据查询（SELECT），还支持数据操作（如 INSERT、UPDATE、DELETE）。D 选项错误，虽然 Transact-SQL 主要与 SQL Server 关联，但 SQL Server 可以在多种操作系统上运行，包括 Windows 和某些 Linux 发行版。

10. 答案：A、C、D

解析：B 选项错误，ODBC 不是关系数据库管理系统，而是一种中间件技术。E 选项错误，ODBC 是一个跨平台的标准，不仅可以在 Windows 上使用，还可以在其他操作系统上使用。

4.3.3 判断题答案与解析

1. 答案：（√）

2. 答案：（×）

解析：可以使用 ALTER TABLE 语句添加带有默认值的新列，如 ALTER TABLE Employees ADD BirthDate DATE DEFAULT '1900-01-01'。

3. 答案：（×）

解析：该存储过程删除的是职位为“Staff”的员工。

4. 答案：（×）

解析：该触发器只会在进行插入操作时触发，应该使用 AFTER UPDATE 来触发更新操作。

5. 答案：（×）

解析：FULL JOIN 返回左表和右表中所有匹配的行，以及在左表或右表中没有匹配的行。

6. 答案：（×）

7. 答案：（×）

解析：conn.commit()方法用于提交当前事务，而 conn.rollback()方法用于回滚事务。

8. 答案：（ × ）

解析：WHERE 子句用于在分组之前过滤行。要过滤聚合结果，应该使用 HAVING 子句。

9. 答案：（ √ ）

10. 答案：（ × ）

解析：SELECT INTO 语句用于从一个表中选择数据并插入一个新的表中，而不是更新现有表中的数据。更新现有表中的数据应该使用 UPDATE 语句。

4.3.4 填空题答案

1. TOP
2. TRUNCATE TABLE
3. COMMIT
4. DISTINCT
5. SELECT * FROM Orders WHERE OrderDate > '2025-01-01'
6. SELECT TOP 10 * FROM Products ORDER BY Price DESC
7. UPDATE Employees SET FirstName = 'John' WHERE LastName = 'Smith'
8. UPDATE Employees SET Salary = Salary * 1.1
9. SELECT MONTH(SaleDate) AS Month, SUM(Amount) AS TotalSales FROM Sales WHERE YEAR(SaleDate) = 2025 GROUP BY MONTH(SaleDate)
10. int rowsAffected = stmt.executeUpdate("UPDATE Employees SET Salary = Salary * 1.1 WHERE Department = 'Sales'")

4.3.5 简答题参考答案

1. 参考答案

ODBC（开放数据库互连）是一个标准的应用程序接口，用于连接各种数据库系统。它允许应用程序使用统一的 SQL 来访问不同的数据库管理系统。在数据库编程中，ODBC 扮演了桥梁的角色，它使应用程序无须了解底层数据库的具体实现细节，就可以与数据库进行交互。通过 ODBC，开发者可以编写通用的数据库访问代码，从而提高代码的可移植性和可重用性。

2. 参考答案

JDBC（Java 数据库互连）是 Java 中用来执行 SQL 语句的 API，它使 Java 应用程序能够连接到关系数据库并执行相应的操作。JDBC 的主要组成部分包括 JDBC API、JDBC 驱动程序管理器以及 JDBC 驱动程序。JDBC API 提供了一组 Java 类和接口，用于执行 SQL 语句和处理结果集；JDBC 驱动程序管理器负责管理不同的数据库驱动程序，确保应用程序能够正确地连接到目标数据库；而 JDBC 驱动程序则是与数据库进行实际通信的组件，它负责将 JDBC API 的调用转换为数据库可以理解的指令。

3. 参考答案

在关系数据库编程中，存储过程和触发器是用于实现复杂业务逻辑和自动化操作的重要工具。存储过程是一组用于实现特定功能的SQL语句集，它可以被多次调用，从而提高代码的可重用性和可维护性。触发器则是一种特殊的存储过程，它会在数据库表上发生特定事件（如插入、更新或删除操作）时自动执行，用于实现数据的完整性检查、日志记录或通知等功能。通过使用存储过程和触发器，开发者可以更加高效和灵活地管理数据库中的数据。

4.3.6 应用题参考答案

1. 参考答案

参考代码如下。

```
DECLARE @TotalSum DECIMAL(10, 2)
SET @TotalSum = 0

SELECT @TotalSum = @TotalSum +Amount
FROM Orders
WHERE Amount > 1000

IF @@ROWCOUNT > 0
BEGIN
    PRINT '金额超过1000的订单的总金额为: ' + CAST(@TotalSum AS NVARCHAR)
END
ELSE
BEGIN
    PRINT '没有金额超过1000的订单。'
END
```

这里首先声明了一个变量@TotalSum并将其初始化为0，用来累计金额超过1000元的订单的总金额。然后，使用一个SELECT语句配合条件“WHERE TotalAmount > 1000”来累加符合条件的订单金额。接下来，使用IF语句和@@ROWCOUNT系统函数来检查是否有符合条件的记录。如果有，则输出总金额；如果没有，则输出相应的提示信息。

2. 参考答案

参考代码如下。

```
DECLARE @ProductName NVARCHAR(100)
DECLARE @StockQuantity INT

DECLARE ProductCursor CURSOR FOR
SELECT Name, Stock FROM Products

OPEN ProductCursor
FETCH NEXT FROM ProductCursor INTO @ProductName, @StockQuantity

WHILE @@FETCH_STATUS = 0
BEGIN
    IF @StockQuantity < 10
    BEGIN
        PRINT '产品名称: ' + @ProductName + ', 库存量: ' + CAST(@StockQuantity
AS NVARCHAR)
```

```
    END
    FETCH NEXT FROM ProductCursor INTO @ProductName, @StockQuantity
END

CLOSE ProductCursor
DEALLOCATE ProductCursor
```

这里首先声明了两个变量@ProductName 和@StockQuantity 来存储从表 Products 中检索到的产品名称和库存量。然后，创建了一个游标 ProductCursor 来遍历表 Products 中的所有记录。在 WHILE 循环中，检查每条记录的库存量是否小于 10 个，如果是，则使用 PRINT 语句输出产品名称和库存量。最后，关闭游标并释放相关的资源。

3．参考答案

参考代码如下。

```
DECLARE @AverageScore DECIMAL(5, 2)

SELECT @AverageScore = AVG(MathScore)
FROM Scores
WHERE MathScore BETWEEN 80 AND 90

IF @@ROWCOUNT > 0
BEGIN
    PRINT '数学成绩在 80 到 90 之间的学生的平均成绩为: ' + CAST(@AverageScore AS
NVARCHAR)
END
ELSE
BEGIN
    PRINT '没有学生的数学成绩在 80 到 90 之间。'
END
```

这里首先声明了一个变量@AverageScore 来存储平均成绩。然后，使用 AVG 聚合函数和 BETWEEN 操作符找出数学成绩在 80 分到 90 分之间的学生的平均成绩。同样，使用 IF 语句和@@ROWCOUNT 系统函数来检查是否有符合条件的记录，并输出相应的信息。

4．参考答案

参考代码如下。

```
CREATE PROCEDURE AdjustSalaryIfLowerThanThreshold
    @EmployeeID INT
AS
BEGIN
    SET NOCOUNT ON;
    DECLARE @CurrentSalary DECIMAL(10, 2);
    DECLARE @NewSalary DECIMAL(10, 2);

    -- 检查员工是否存在
    SELECT @CurrentSalary = Salary
    FROM Employees
    WHERE ID = @EmployeeID;

    IF @@ROWCOUNT = 0
```

```
        BEGIN
            -- 员工不存在，输出错误信息
            RAISERROR('Employee with ID %d does not exist.', 16, 1, @EmployeeID);
            RETURN;
        END

        -- 检查薪资是否低于 5000
        IF @CurrentSalary < 5000
        BEGIN
            -- 薪资低于 5000，增加 10%
            SET @NewSalary = @CurrentSalary * 1.10;
            UPDATE Employees
            SET Salary = @NewSalary
            WHERE ID = @EmployeeID;
            PRINT 'Salary for employee with ID ' + CAST(@EmployeeID AS NVARCHAR) +
' has been increased by 10%.';
        END
        ELSE
        BEGIN
            -- 薪资不低于 5000，不进行操作
            PRINT 'Salary for employee with ID ' + CAST(@EmployeeID AS NVARCHAR) +
' is already above or equal to 5000. No adjustment made.';
        END
    END
```

这个存储过程首先检查传入的员工编号是否存在于表 Employees 中。如果不存在，则使用 RAISERROR 函数抛出一个错误。如果存在，则进一步检查其薪资是否低于 5000 元。如果是，则计算新的薪资（增加 10%），并更新表 Employees 中的对应记录。最后，通过 PRINT 语句输出相应的操作信息。如果员工的薪资已经高于或等于 5000 元，则不执行任何操作，并输出相应的信息。

5. 参考答案

参考代码如下。

```
    CREATE PROCEDURE GetLowStockProductsByCategory
        @CategoryName NVARCHAR(100),
        @StockThreshold INT
    AS
    BEGIN
        SET NOCOUNT ON;
        -- 声明变量用于存储查询结果
        DECLARE @ProductName NVARCHAR(100);
        DECLARE @StockQuantity INT;
        DECLARE @Message NVARCHAR(200);
        -- 声明游标用于遍历结果集
        DECLARE product_cursor CURSOR FOR
        SELECT ProductName, StockQuantity
        FROM Products
        JOIN Categories ON Products.CategoryID = Categories.CategoryID
        WHERE Categories.CategoryName = @CategoryName AND
Products.StockQuantity < @StockThreshold;
```

```
    -- 初始化游标状态变量
    DECLARE @FetchStatus INT;
    -- 打开游标
    OPEN product_cursor;
    -- 检查是否有记录
    FETCH NEXT FROM product_cursor INTO @ProductName, @StockQuantity;
    SET @FetchStatus = @@FETCH_STATUS;
    -- 如果没有记录，则设置消息变量
    IF @FetchStatus <> 0
    BEGIN
        SET @Message = 'No products with low stock found in the category.';
        PRINT @Message;
    END
    ELSE
    BEGIN
        -- 如果有记录，则遍历游标并输出产品名称和库存量
        WHILE @@FETCH_STATUS = 0
        BEGIN
            PRINT 'Product Name: ' + @ProductName;
            PRINT 'Stock Quantity: ' + CAST(@StockQuantity AS NVARCHAR);
            FETCH NEXT FROM product_cursor INTO @ProductName, @StockQuantity;
        END
    END
    -- 关闭并释放游标
    CLOSE product_cursor;
    DEALLOCATE product_cursor;
END
```

这个存储过程首先根据分类名称和库存阈值来查询符合条件的产品。然后，使用游标来遍历查询结果集，并输出每个产品的名称和库存量。如果没有找到任何产品，会输出一条相应的消息。使用游标是一种较好的遍历查询结果集的方式，特别是在需要逐行处理数据的情况下。在实际应用中，根据数据量的大小和性能要求，可能还需要考虑其他更高效的解决方案，如直接返回结果集而不是使用游标。

6. 参考答案

首先，创建用户自定义函数。

```
CREATE FUNCTION CountEmployeesHiredBeforeDate(@Date DATE)
RETURNS INT
AS
BEGIN
    DECLARE @Count INT;
    SELECT @Count = COUNT(*) FROM Employees WHERE HireDate < @Date;
    RETURN @Count;
END;
```

然后，使用系统函数获取当前日期，并调用用户自定义函数。

```
DECLARE @CurrentDate DATE = GETDATE();
DECLARE @OneYearAgo DATE = DATEADD(YEAR, -1, @CurrentDate);
DECLARE @EmployeeCount INT = dbo.CountEmployeesHiredBeforeDate(@OneYearAgo);

SELECT @EmployeeCount AS EmployeesHiredOneYearAgo;
```

创建的用户自定义函数 CountEmployeesHiredBeforeDate()计算 HireDate 小于传入日期的员工数量并返回结果。在调用该函数之前，使用系统函数 GETDATE()获取当前日期，并通过 DATEADD()函数计算出一年前的日期（该日期传给用户自定义函数）。最后，将计算得到的入职满一年的员工的数量通过 SELECT 语句输出。

7. 参考答案

首先，创建用户自定义函数。

```
CREATE FUNCTION AveragePriceAbove(@PriceThreshold DECIMAL(10, 2))
RETURNS DECIMAL(10, 2)
AS
BEGIN
    DECLARE @AveragePrice DECIMAL(10, 2);
    SELECT @AveragePrice = AVG(Price) FROM Products WHERE Price >
@PriceThreshold;
    RETURN @AveragePrice;
END;
```

然后，编写一个主查询，计算所有产品的平均价格，并调用用户自定义函数进行比较。

```
DECLARE @AllProductsAveragePrice DECIMAL(10, 2) = (SELECT AVG(Price) FROM
Products);
DECLARE @AboveThresholdAveragePrice DECIMAL(10, 2) = dbo.AveragePriceAbove
(100.00);
 -- 假设价格阈值为 100.00

IF @AboveThresholdAveragePrice IS NOT NULL
BEGIN
    IF @AboveThresholdAveragePrice > @AllProductsAveragePrice
    BEGIN
        PRINT '价格高于阈值的产品的平均价格高于所有产品的平均价格。';
    END
    ELSE
    BEGIN
        PRINT '价格高于阈值的产品的平均价格低于或等于所有产品的平均价格。';
    END
END
ELSE
BEGIN
    PRINT '没有价格高于阈值的产品。';
END
```

用户自定义函数 AveragePriceAbove()计算价格高于给定阈值的所有产品的平均价格。在主查询中，首先计算所有产品的平均价格，然后调用用户自定义函数来计算高于某个价格阈值的产品的平均价格，最后使用 IF 语句比较这两个平均价格并输出结果。

8. 参考答案

参考代码如下。

```
CREATE PROCEDURE ProcessOrder
    @OrderID int
AS
BEGIN
```

```
    BEGIN TRANSACTION; -- 开始事务

    -- 更新订单状态为 'Processed'
    UPDATE Orders
    SET Status = 'Processed'
    WHERE OrderID = @OrderID;

    -- 记录订单处理日志
    INSERT INTO OrderLogs (OrderID, LogMessage, LogDate)
    VALUES (@OrderID, 'Order processed', GETDATE());

    COMMIT TRANSACTION; -- 提交事务
END;
```

在上面的代码中，“CREATE PROCEDURE ProcessOrder”用来创建名为“ProcessOrder”的存储过程，它的输入参数为@OrderID。“BEGIN TRANSACTION;”和“COMMIT TRANSACTION;”语句使用事务来保证更新订单状态和插入日志的操作是原子性的，要么都成功，要么都失败。“UPDATE Orders SET Status = 'Processed' WHERE OrderID = @OrderID;”这个语句把指定编号的订单的状态更新为“Processed”。“INSERT INTO OrderLogs (OrderID, LogMessage, LogDate) VALUES (@OrderID, 'Order processed', GETDATE());”这个语句负责插入一条订单处理日志，记录订单编号、日志消息和记录时间。这个存储过程提供了订单处理的功能，并确保了订单状态更新和日志记录操作的原子性。

9. 参考答案

参考代码如下。

```
CREATE PROCEDURE TransferEmployee
    @EmployeeID int,
    @NewDepartment varchar(50)
AS
BEGIN
    DECLARE @OldDepartment varchar(50);

    -- 获取当前部门
    SELECT @OldDepartment = Department
    FROM Employees
    WHERE EmployeeID = @EmployeeID;

    BEGIN TRANSACTION; -- 开始事务

    -- 更新员工信息表中指定员工的部门信息
    UPDATE Employees
    SET Department = @NewDepartment
    WHERE EmployeeID = @EmployeeID;

    -- 在员工历史记录表中插入一条新的记录
    INSERT INTO EmployeeHistory (EmployeeID, OldDepartment, NewDepartment,
ChangeDate)
    VALUES (@EmployeeID, @OldDepartment, @NewDepartment, GETDATE());
```

```
    COMMIT TRANSACTION; -- 提交事务
END;
```

在上面的代码中，“CREATE PROCEDURE TransferEmployee”用于创建名为“TransferEmployee”的存储过程，接收 @EmployeeID 和 @NewDepartment 两个参数。“DECLARE @OldDepartment varchar(50);”这个语句用于声明变量 @OldDepartment，用来存储员工转岗前的部门信息。“SELECT @OldDepartment = Department FROM Employees WHERE EmployeeID = @EmployeeID;”这个语句用于查询指定编号的员工，并将该员工的部门信息存入@OldDepartment。“UPDATE Employees SET Department = @NewDepartment WHERE EmployeeID = @EmployeeID;”这个语句用于更新指定员工的部门为新的部门。“INSERT INTO EmployeeHistory (EmployeeID, OldDepartment, NewDepartment, ChangeDate) VALUES (@EmployeeID, @OldDepartment, @NewDepartment, GETDATE());”这个语句用于插入一条员工转岗历史记录，记录员工编号、转岗前后的部门以及转岗日期。这个存储过程实现了员工转岗时的部门更新和历史记录的插入，使用了事务确保操作的原子性和完整性。

10. 参考答案

参考代码如下。

```
CREATE PROCEDURE ProcessOrder
    @OrderID INT,
    @TotalAmount DECIMAL(10, 2) OUTPUT
AS
BEGIN
    DECLARE @TempTotalAmount DECIMAL(10, 2)
    SET @TempTotalAmount = 0

    -- 计算订单的总金额
    SELECT @TempTotalAmount = SUM(Quantity * UnitPrice)
    FROM OrderDetails
    WHERE OrderID = @OrderID

    -- 更新订单的总金额和状态
    UPDATE Orders
    SET TotalAmount = @TempTotalAmount,
        Status = 'Processed'
    WHERE OrderID = @OrderID

    -- 返回订单的总金额
    SET @TotalAmount = @TempTotalAmount
END
```

这里使用 DECLARE 语句声明一个临时变量@TempTotalAmount，用于存储订单的总金额；使用 SELECT 语句计算订单的总金额，并将其赋给@TempTotalAmount；使用 UPDATE 语句更新订单信息表中订单的总金额和状态，使用 SET 语句将计算得到的总金额赋给输出参数@TotalAmount。

11. 参考答案

参考代码如下。

```
CREATE PROCEDURE UpdateStock
    @ProductID INT,
    @MovementType NVARCHAR(10),
    @Quantity INT,
    @UpdatedStock INT OUTPUT
AS
BEGIN
    DECLARE @CurrentStock INT

    -- 获取当前产品库存量
    SELECT @CurrentStock = Stock
    FROM Products
    WHERE ProductID = @ProductID

    -- 根据移动类型计算库存量
    IF @MovementType = 'IN'
    BEGIN
        SET @CurrentStock = @CurrentStock + @Quantity
    END
    ELSE IF @MovementType = 'OUT'
    BEGIN
        SET @CurrentStock = @CurrentStock - @Quantity
    END

    -- 更新库存量
    UPDATE Products
    SET Stock = @CurrentStock
    WHERE ProductID = @ProductID

    -- 插入库存移动记录
    INSERT INTO StockMovements (ProductID, MovementType, Quantity,
MovementDate)
    VALUES (@ProductID, @MovementType, @Quantity, GETDATE())

    -- 返回更新后的库存量
    SET @UpdatedStock = @CurrentStock
END
```

这里使用 DECLARE 语句声明一个变量@CurrentStock，用于存储当前库存量；使用 SELECT 语句获取当前库存量；使用 IF…ELSE 语句根据移动类型计算库存量；使用 UPDATE 语句更新产品信息表中的库存量；使用 INSERT 语句插入库存移动记录；使用 SET 语句将更新后的库存量赋给输出参数@UpdatedStock。

12. 参考答案

参考代码如下。

```
CREATE FUNCTION GetCustomerOrderStats
    (@CustomerID INT)
RETURNS @CustomerStats TABLE (
    TotalOrders INT,
    TotalAmount DECIMAL(10, 2)
```

```
)
AS
BEGIN
    INSERT INTO @CustomerStats (TotalOrders, TotalAmount)
    SELECT COUNT(OrderID) AS TotalOrders, SUM(TotalAmount) AS TotalAmount
    FROM Orders
    WHERE CustomerID = @CustomerID

    RETURN
END
```

这里使用 CREATE FUNCTION 语句创建一个用户自定义函数 GetCustomerOrderStats()，定义返回的表类型@CustomerStats，包括订单总数和订单总金额两列；使用 INSERT INTO…SELECT 语句计算并插入客户的订单总数和总金额；使用 RETURN 语句返回结果。

4.4 实验 3：Transact-SQL 编程实践

4.4.1 实验目的

（1）掌握复杂的数据操作和查询，包括数据插入、复杂查询及数据统计。

（2）掌握存储过程及用户自定义函数的用法，以增强数据库操作的灵活性和可重用性。

（3）了解游标的使用方法，能够通过游标进行复杂的数据操作。

（4）掌握触发器的创建和应用，实现数据操作及日志记录自动化。

（5）通过综合操作，加深对 Transact-SQL 编程及数据库管理的理解，提高数据库开发和优化的能力。

4.4.2 实验平台

（1）操作系统：Windows 7 及以上。

（2）DBMS：SQL Server 2022 Express。

（3）数据库管理工具：SQL Server Management Studio 19。

4.4.3 实验内容

1. 数据准备

（1）创建数据库和表。

创建一个名为“CompanyDB”的数据库，并创建表 Departments、表 Employees、表 Projects 和表 EmployeeProjects。

【参考答案】

```
-- 创建数据库
CREATE DATABASE CompanyDB;

-- 切换到数据库 CompanyDB
USE CompanyDB;
```

```
-- 创建表 Departments
CREATE TABLE Departments (
    DepartmentID INT PRIMARY KEY IDENTITY(1,1),
    DepartmentName NVARCHAR(100) NOT NULL
);
-- 创建表 Employees
CREATE TABLE Employees (
    EmployeeID INT PRIMARY KEY IDENTITY(1,1),
    EmployeeName NVARCHAR(100) NOT NULL,
    HireDate DATE NOT NULL,
    Salary DECIMAL(10, 2) NOT NULL,
    DepartmentID INT,
    FOREIGN KEY (DepartmentID) REFERENCES Departments(DepartmentID)
);

-- 创建表 Projects
CREATE TABLE Projects (
    ProjectID INT PRIMARY KEY IDENTITY(1,1),
    ProjectName NVARCHAR(100) NOT NULL,
    StartDate DATE NOT NULL,
    EndDate DATE
);

-- 创建表 EmployeeProjects
CREATE TABLE EmployeeProjects (
    EmployeeID INT,
    ProjectID INT,
    AssignmentDate DATE NOT NULL,
    PRIMARY KEY (EmployeeID, ProjectID),
    FOREIGN KEY (EmployeeID) REFERENCES Employees(EmployeeID),
    FOREIGN KEY (ProjectID) REFERENCES Projects(ProjectID)
);
```

（2）插入数据。

向表 Departments、表 Employees、表 Projects 和表 EmployeeProjects 中插入数据。

【参考答案】

```
-- 插入数据
-- 向表 Departments 中插入数据
INSERT INTO Departments (DepartmentName)
VALUES
('HR'),
('IT'),
('Finance'),
('Marketing'),
('Sales');

-- 向表 Employees 中插入数据
INSERT INTO Employees (EmployeeName, HireDate, Salary, DepartmentID)
VALUES
```

```
('John Doe', '2020-01-15', 60000, 1),
('Jane Smith', '2019-03-20', 75000, 2),
('Mike Johnson', '2018-07-11', 80000, 3),
('Emily Davis', '2017-05-30', 65000, 4),
('David Wilson', '2016-09-10', 70000, 5),
('Sara Brown', '2018-11-23', 72000, 1),
('Chris Lee', '2019-12-02', 67000, 2),
('Jessica Taylor', '2020-03-12', 76000, 3),
('Daniel Anderson', '2021-04-14', 82000, 4),
('Laura Thomas', '2018-08-21', 73000, 5);

-- 向表 EmployeeProjects 中插入数据
INSERT INTO EmployeeProjects (EmployeeID, ProjectID, AssignmentDate)
VALUES
(1, 1, '2021-01-01'),
(2, 2, '2021-02-15'),
(3, 3, '2021-03-01'),
(4, 4, '2021-04-20'),
(5, 5, '2021-05-10'),
(1, 2, '2021-02-20'),
(2, 3, '2021-03-22'),
(3, 4, '2021-04-25'),
(4, 5, '2021-05-15'),
(5, 1, '2021-06-01'),
(6, 2, '2021-07-01'),
(7, 3, '2021-08-01'),
(8, 4, '2021-09-01'),
(9, 5, '2021-10-01'),
(10, 1, '2021-11-01');
-- 向表 Projects 中插入数据
INSERT INTO Projects (ProjectName, StartDate, EndDate)
VALUES
('Project A', '2021-01-01', '2021-06-30'),
('Project B', '2021-02-15', NULL),
('Project C', '2021-03-01', '2021-12-31'),
('Project D', '2021-04-20', '2021-10-15'),
('Project E', '2021-05-10', NULL);
```

2. 复杂查询

请基于上述数据库完成以下查询。

（1）查询每个部门的平均工资和员工总数，按平均工资降序排列。

（2）查询每个项目的员工数量和项目的持续时间（以天为单位）。

【参考答案】

（1）查询每个部门的平均工资和员工总数，按平均工资降序排列。

使用 JOIN 连接表 Departments 和表 Employees，并按 DepartmentName 分组，参考代码如下。

```
-- 查询每个部门的平均工资和员工总数
SELECT d.DepartmentName, AVG(e.Salary) AS AverageSalary, COUNT(e.EmployeeID)
```

```
AS EmployeeCount
    FROM Departments d
    JOIN Employees e ON d.DepartmentID = e.DepartmentID
    GROUP BY d.DepartmentName
    ORDER BY AverageSalary DESC;
```

（2）查询每个项目的员工数量和项目的持续时间（以天为单位）。

使用 JOIN 连接表 Projects 和表 EmployeeProjects，并按 ProjectName、StartDate 和 EndDate 分组。DATEDIFF()函数用于计算项目的持续时间，ISNULL()函数用于处理 EndDate 为空的情况，参考代码如下。

```
    -- 查询每个项目的员工数量和项目的持续时间
    SELECT p.ProjectName, COUNT(ep.EmployeeID) AS EmployeeCount, DATEDIFF(DAY,
p.StartDate, ISNULL(p.EndDate, GETDATE())) AS ProjectDuration
    FROM Projects p
    JOIN EmployeeProjects ep ON p.ProjectID = ep.ProjectID
    GROUP BY p.ProjectName, p.StartDate, p.EndDate;
```

3. 编写存储过程和用户自定义函数

（1）编写一个存储过程 AssignEmployeeToProject，用于将员工分配到项目中。其输入参数为员工编号、项目编号和分配日期，输出参数为成功或失败的消息。

（2）创建一个用户自定义函数 GetProjectDuration()，其输入参数为项目编号，返回项目的持续时间（以天为单位）。

【参考答案】

（1）创建一个存储过程 AssignEmployeeToProject，用于将员工分配到项目中。

该存储过程接收 3 个输入参数（员工编号、项目编号、分配日期）和一个输出参数（消息）。存储过程首先检查员工和项目是否存在，然后检查员工是否已经分配到项目，若未分配则将员工分配到项目中，并设置输出消息。存储过程 AssignEmployeeToProject 的参考代码如下。

```
    -- 创建存储过程
    CREATE PROCEDURE AssignEmployeeToProject
        @EmployeeID INT,
        @ProjectID INT,
        @AssignmentDate DATE,
        @Message NVARCHAR(100) OUTPUT
    AS
    BEGIN
        -- 检查员工和项目是否存在
        IF NOT EXISTS (SELECT 1 FROM Employees WHERE EmployeeID = @EmployeeID)
        BEGIN
            SET @Message = 'Employee does not exist.';
            RETURN;
        END

        IF NOT EXISTS (SELECT 1 FROM Projects WHERE ProjectID = @ProjectID)
        BEGIN
            SET @Message = 'Project does not exist.';
            RETURN;
        END
```

```
        -- 检查员工是否已分配到项目
        IF EXISTS (SELECT 1 FROM EmployeeProjects WHERE EmployeeID = @EmployeeID
AND ProjectID = @ProjectID)
        BEGIN
            SET @Message = 'Employee is already assigned to this project.';
            RETURN;
        END

        -- 分配员工到项目
        INSERT INTO EmployeeProjects (EmployeeID, ProjectID, AssignmentDate)
        VALUES (@EmployeeID, @ProjectID, @AssignmentDate);

        SET @Message = 'Employee assigned to project successfully.';
    END;
```

（2）创建一个用户自定义函数 GetProjectDuration()，接收项目编号，并返回该项目的持续时间（以天为单位）。

DATEDIFF()函数用于计算项目的持续时间，ISNULL()函数用于处理 EndDate 为空的情况。用户自定义函数 GetProjectDuration()的参考代码如下。

```
    -- 创建用户自定义函数
    CREATE FUNCTION GetProjectDuration(@ProjectID INT)
    RETURNS INT
    AS
    BEGIN
        DECLARE @Duration INT;
        SELECT @Duration = DATEDIFF(DAY, StartDate, ISNULL(EndDate, GETDATE()))
        FROM Projects
        WHERE ProjectID = @ProjectID;
        RETURN @Duration;
    END;
```

4．应用游标和触发器

（1）编写一个存储过程 UpdateEmployeeSalaries，使用游标遍历表 Employees，根据每个员工的工作年限（从 HireDate 开始计算）增加工资。

（2）创建一个触发器 trgAfterUpdateSalary，在表 Employees 的 Salary 列更新后，将更新前后的工资信息记录到表 SalaryLog 中。

【参考答案】

（1）创建一个存储过程 UpdateEmployeeSalaries，使用游标遍历表 Employees 中的每一行，根据员工的工作年限（从 HireDate 开始计算）增加工资。首先定义游标 employee_cursor，选择表 Employees 中的 EmployeeID、HireDate 和 Salary 字段；然后打开游标，循环遍历每一行，计算工作年限并增加工资；最后关闭和释放游标。存储过程 UpdateEmployeeSalaries 的参考代码如下。

```
    -- 创建存储过程
    CREATE PROCEDURE UpdateEmployeeSalaries
    AS
    BEGIN
        DECLARE @EmployeeID INT, @HireDate DATE, @Salary DECIMAL(10, 2), @Years
```

```
INT;

    DECLARE employee_cursor CURSOR FOR
    SELECT EmployeeID, HireDate, Salary
    FROM Employees;

    OPEN employee_cursor;
    FETCH NEXT FROM employee_cursor INTO @EmployeeID, @HireDate, @Salary;

    WHILE @@FETCH_STATUS = 0
    BEGIN
        SET @Years = DATEDIFF(YEAR, @HireDate, GETDATE());

        -- 根据工作年限增加工资
        UPDATE Employees
        SET Salary = @Salary + (@Years * 1000)
        WHERE EmployeeID = @EmployeeID;

        FETCH NEXT FROM employee_cursor INTO @EmployeeID, @HireDate, @Salary;
    END;

    CLOSE employee_cursor;
    DEALLOCATE employee_cursor;
END;
```

（2）创建一个名为“SalaryLog”的表，用于记录员工工资的变动，包括 LogID（主码且自动递增）、EmployeeID、OldSalary、NewSalary 和 ChangeDate 等字段。

创建一个触发器 trgAfterUpdateSalary，在表 Employees 的 Salary 列更新后触发，插入更新前后的工资信息到表 SalaryLog 中。表 Inserted 包含更新后的数据，表 Deleted 包含更新前的数据。触发器 trgAfterUpdateSalary 的参考代码如下。

```
-- 创建表 SalaryLog
CREATE TABLE SalaryLog (
    LogID INT PRIMARY KEY IDENTITY(1,1),
    EmployeeID INT,
    OldSalary DECIMAL(10, 2),
    NewSalary DECIMAL(10, 2),
    ChangeDate DATE,
    FOREIGN KEY (EmployeeID) REFERENCES Employees(EmployeeID)
);

-- 创建触发器
CREATE TRIGGER trgAfterUpdateSalary
ON Employees
AFTER UPDATE
AS
BEGIN
    IF UPDATE(Salary)
    BEGIN
        INSERT INTO SalaryLog (EmployeeID, OldSalary, NewSalary, ChangeDate)
```

```
        SELECT i.EmployeeID, d.Salary AS OldSalary, i.Salary AS NewSalary,
GETDATE()
        FROM Inserted i
        JOIN Deleted d ON i.EmployeeID = d.EmployeeID;
    END;
END;
```

5. 综合应用变量和流程控制语句

编写一个存储过程 GenerateDepartmentReport，根据输入的部门编号生成该部门的员工报告，包括员工姓名、工资、项目名称及分配日期。如果部门编号为 NULL，则生成所有部门的员工报告。使用变量和流程控制语句实现。

【参考答案】

创建存储过程 GenerateDepartmentReport，根据输入的部门编号生成该部门的员工报告。如果部门编号为 NULL，则生成所有部门的员工报告。存储过程使用游标遍历查询结果，使用 PRINT 语句输出报告内容。游标分为两种：查询所有部门员工报告的游标和查询指定部门员工报告的游标。存储过程 GenerateDepartmentReport 的参考代码如下。

```
-- 创建存储过程
CREATE PROCEDURE GenerateDepartmentReport
  @DepartmentID INT = NULL
AS
BEGIN
  DECLARE @DepartmentName NVARCHAR(100), @EmployeeName NVARCHAR(100),
@Salary DECIMAL(10, 2), @ProjectName NVARCHAR(100), @AssignmentDate DATE;

  IF @DepartmentID IS NULL
  BEGIN
      -- 查询所有部门的员工报告
      DECLARE all_depts_cursor CURSOR FOR
      SELECT d.DepartmentName, e.EmployeeName, e.Salary, p.ProjectName,
ep.AssignmentDate
      FROM Departments d
      JOIN Employees e ON d.DepartmentID = e.DepartmentID
      LEFT JOIN EmployeeProjects ep ON e.EmployeeID = ep.EmployeeID
      LEFT JOIN Projects p ON ep.ProjectID = p.ProjectID;

      OPEN all_depts_cursor;
      FETCH NEXT FROM all_depts_cursor INTO @DepartmentName, @EmployeeName,
@Salary, @ProjectName, @AssignmentDate;

      WHILE @@FETCH_STATUS = 0
      BEGIN
          PRINT 'Department: ' + @DepartmentName + ', Employee: ' +
@EmployeeName + ', Salary: ' + CAST(@Salary AS NVARCHAR(50)) + ', Project: ' +
@ProjectName + ', Assignment Date: ' + CAST(@AssignmentDate AS NVARCHAR(50));
          FETCH NEXT FROM all_depts_cursor INTO @DepartmentName,
@EmployeeName, @Salary, @ProjectName, @AssignmentDate;
      END;

      CLOSE all_depts_cursor;
```

```
            DEALLOCATE all_depts_cursor;
        END
        ELSE
        BEGIN
            -- 查询指定部门的员工报告
            DECLARE dept_cursor CURSOR FOR
            SELECT d.DepartmentName, e.EmployeeName, e.Salary, p.ProjectName,
ep.AssignmentDate
```

4.5 本章小结

Transact-SQL（T-SQL）是 Microsoft 对 SQL 的扩展，专为 SQL Server 数据库设计。它不仅是标准 SQL 的超集，支持所有标准 SQL 操作，还添加了流程控制语句，提供了独特的 SQLServer 数据库管理功能。本章通过多样化的题型（如选择题、判断题、填空题与简答题）帮助读者深入了解 Transact-SQL 的特点，并熟练掌握其应用。本章还精心设计了应用题，可以提升读者的综合应用能力。实验 3 则聚焦于复杂的数据操作和查询技巧，包括数据插入、复杂查询及数据统计。同时，读者可以学习创建和使用存储过程及用户自定义函数的方法，以增强数据库操作的灵活性和可重用性。此外，读者还能了解游标的使用方法，掌握触发器的创建和应用，实现数据操作及日志记录自动化。最后，通过综合操作，读者可以加深对 T-SQL 编程及数据库管理的理解，提高数据库开发和优化的能力。

第 5 章 关系数据库安全和保护

保证数据库中数据的安全性与可靠性是 DBMS 的一项重要工作。《数据库系统原理（微课版）》第 5 章“关系数据库安全和保护”详细论述了 DBMS 如何通过安全性控制、完整性控制、并发控制和数据库的备份与恢复实现对数据库的安全保护。

5.1 基本知识点

《数据库系统原理（微课版）》第 5 章深入探讨了实现数据库安全保护功能的安全性控制、完整性控制、并发控制以及恢复机制，需要了解和掌握的知识点具体如下。

- 需要掌握数据库安全性的基本概念，理解其目标是防止数据被非法访问、篡改或破坏；掌握安全性所涉及的相关内容，包括主要安全技术、用户标识和鉴别机制、自主存取控制和强制存取控制的访问控制策略、视图机制、数据加密方法、数据库审计技术等。
- 数据库的完整性是指数据的准确性、相容性和一致性。需要重点掌握实体完整性、参照完整性和用户自定义完整性等概念以及它们在数据库中的实现，并掌握通过触发器等机制来维护数据完整性的方法。
- DBMS 必须对多用户系统的并发操作提供控制。并发操作下，如何保证数据的一致性和完整性是一个重要问题。要求重点掌握事务的概念和并发操作可能引发的问题，以及如何通过封锁等机制来解决这些问题。
- 数据库系统可能面临事务故障、系统故障、计算故障、计算机病毒和用户错误操作造成的各类问题，数据库恢复机制能帮助数据库系统在故障发生之后迅速恢复到正常运行状态。需要了解数据恢复的实现技术。
- 掌握 SQL Server 数据库管理系统特有的安全控制策略和方法，从而在实际应用中更好地保证数据库的安全性和完整性。

5.2 习题

5.2.1 单选题

1. 触发器在关系数据库中的主要作用不包括以下哪项？（　　）

A. 数据完整性校验　　B. 数据转换和处理

C. 并发控制　　D. 审计和日志记录

2. 下列关于锁的描述，哪项是错误的？（　　）

A. 锁是一种同步机制

B. 锁粒度越小，发生锁竞争的可能性越大

C. 锁开销包括锁占用内存空间和获取/释放锁的时间

D. 互斥锁是独享锁的一种实现

3. 下列哪项不是解决死锁的基本方法？（　　）

A. 预防死锁　　B. 避免死锁

C. 强制死锁　　D. 检测死锁和解除死锁

4. 关于数据库安全性的描述，下列哪项是正确的？（　　）

A. 数据库安全性只涉及数据的加密

B. 数据库安全性只关注用户的存取控制

C. 数据库安全性是指保护数据库免受未授权访问和破坏

D. 数据库安全性只是数据库管理员的责任

5. 在 DBMS 的封锁机制中，若事务 T1 已对数据 D1 加排他锁，则其他事务需要遵守以下哪个规则？（　　）

A. 可以对数据 D1 加共享锁或排他锁

B. 可以对数据 D1 加共享锁，不能加排他锁

C. 不能对数据 D1 加共享锁，可以加排他锁

D. 不能对数据 D1 加任何锁

6. 关于数据库审计的描述，以下哪项是正确的？（　　）

A. 审计不记录对数据库的任何操作

B. 审计只记录成功的数据库操作

C. 审计是数据库安全性的一个重要组成部分

D. 审计只对数据库管理员可见

7. 在关系数据库中，以下哪种机制不是用来增强安全性的？（　　）

A. 用户标识和鉴别机制　　B. 视图机制

C. 触发器　　D. 索引

8. 以下哪项不是数据库完整性约束的类型？（　　）

A. 实体完整性　　B. 参照完整性

C. 用户自定义完整性　　D. 逻辑完整性

9. 在关系数据库中，关于视图机制的说法，下列哪项是错误的？（　　）

A. 视图可以隐藏数据的复杂性

B. 视图可以限制用户访问数据的子集

C. 视图本身存储数据

D. 视图可以保护数据不被未授权的用户访问

10. 在并发控制中，关于封锁的描述，下列哪项是正确的？（　　）

A. 封锁是防止数据丢失的一种技术

B. 封锁总是导致死锁

C. 封锁是并发控制的主要手段

D. 封锁会永久阻止其他事务访问数据

11. 将查询表 Book 的权限授予用户 User1，并允许该用户将此权限授予其他用户。以下哪条 SQL 语句可以实现此功能？（　　）

A. GRANT SELECT ON Book ON User1 WITH PUBLlC;

B. GRANT SELECT TO Book TO User1 WITH PUBLIC;

C. GRANT SELECT ON Book TO User1 WITH GRANT OPTION;

D. GRANT SElECT TO Book TO User1 WITH GRANT OPTION;

12. 以下哪项是实现数据库自主存取控制的关键字？（　　）

A. CREATE TABLE　　B. COMMIT

C. ROLLBACK　　D. GRANT 和 REVOKE

13. 写修改到数据库中，与记录这个修改操作到日志文件中是两个不同的操作，这两个操作的顺序应该是怎样的？（　　）

A. 程序员在程序中进行安排

B. 系统决定哪一个先做

C. 先做“写修改到数据库中”

D. 先做“记录这个修改操作到日志文件中”

14. 在 DBMS 中，日志文件中记录的是什么内容？（　　）

A. 记录程序运行过程　　B. 记录数据查询操作

C. 记录数据的所有操作　　D. 记录数据的所有更新操作

5.2.2 多选题

1. 以下哪些措施有助于提高数据库的安全性？（　　）

A. 使用强密码策略　　B. 定期备份数据库

C. 限制对数据库的远程访问　　D. 启用数据库审计功能

2. 下列哪些选项是事务的基本特性？（　　）

A. 原子性　　B. 一致性　　C. 隔离性　　D. 实时性

3. 数据库系统采用的安全技术主要包括哪些？（　　）

A. 访问控制技术　　B. 存取控制技术

C. 数据加密技术　　D. 数据库审计技术

4. 下列哪些选项是自主存取控制（DAC）的特点？（　　）

A. 用户可以自主决定用户或角色的访问权限

B. 数据所有者可以授予和撤销权限

C. 适用于需要严格控制访问权限的敏感数据

D. 系统管理员可以设置全局访问策略

5. 在关系数据库中，并发操作可能引起以下哪些问题？（ ）

A. 丢失修改 B. 脏读 C. 不可重复读 D. 数据溢出

6. 数据库恢复的思想是冗余，转存的冗余数据通常包含哪些数据？（ ）

A. 数据字典 B. 审计档案

C. 日志文件 D. 数据库备份文件

7. 数据库恢复可以采用以下哪些方法？（ ）

A. 建立检查点 B. 建立副本 C. 建立日志文件 D. 建立索引

5.2.3 判断题

1. 事务的原子性是指事务要么全部完成，要么全部不完成。（ ）
2. 并发操作一定会导致数据不一致。（ ）
3. 在关系数据库中，视图机制可以用来提高数据的安全性。（ ）
4. 强制存取控制允许数据库管理员随意更改用户的存取权限。（ ）
5. 在关系数据库中，触发器是用来实现用户自定义完整性的一种手段。（ ）
6. 关系模型的实体完整性使用 FOREIGN KEY 和 REFERENCE 来定义。（ ）
7. 数据加密是保证数据库安全的一种有效手段，数据即使被非法获取，也难以被解密。（ ）
8. 在并发控制中，封锁不当是导致死锁的唯一原因。（ ）
9. 事务内部操作及使用的数据对并发的其他事务是隔离的，这个体现了事务的隔离性。（ ）

5.2.4 填空题

1. 两段锁协议是指事务必须分为两个阶段对数据进行________和________。
2. 数据库安全性的目标主要是保证数据的完整性、可用性、________和________。
3. 在关系数据库中，________是用来控制用户对数据的访问权限的一种机制。
4. 数据库的数据完整性是指数据库中数据的正确性、________和________。
5. 数据库的________是指保护数据库，防止未经授权或不合法的使用造成数据泄露、非法更改或破坏。
6. 系统在运行过程中，由于某种原因，系统停止运行，致使事务在执行过程中以非正常方式终止，内存中的信息丢失，而外部存储设备上的数据未受影响，这种故障称为________。
7. 系统在运行过程中，由于某硬件故障，存储在外存上的数据部分或全部损失，这种故障称为________。
8. 并发操作带来的 3 种数据不一致问题是________、________、________。
9. 某个事务永远处于等待状态而得不到执行的现象称为________。
10. 实现“收回用户 User1 对表 Book 中 Title 列的修改权限”的 SQL 语句为________。

11. ________是并发控制的基本单位，它是用户定义的一个操作序列，是不可分割的工作单位。

12. 事务一旦提交，对数据库的改变是永久的，体现了事务的________。

13. 不允许任何其他事务对当前锁定目标再加任何类型锁的锁是________。

14. DBMS 一般具备两种基本类型的锁，它们是________和________。

15. 事务 T 在修改数据 D 之前必须对其加排他锁，直到事务结束才释放排他锁，这个协议被称为________，它可以防止________这类数据不一致问题。COMMIT 表示事务________结束，ROLLBACK 表示事务________结束。

16. 二级协议是在一级协议的基础上加上“事务 T 在读数据 D 前必须对其加共享锁，读完后即可释放共享锁”，该协议可以防止________；三级协议是在一级协议的基础上加上“事务 T 在读数据 D 之前必须对其加共享锁，直到事务结束才释放共享锁”，该协议可以防止________。

17. 事务 T1、T2 的并发操作如表 5-1 所示（T1 和 T2 中序号相同的步骤发生在同一时刻），该操作带来的数据不一致问题是________。

表 5-1　事务并发访问（1）

T1	T2
① 读 A=25	①
②	② 读 A=25
③ 做 A=A+5，写回 A=30	③
④	④ 做 A=A−10，写回 A=15

18. 事务 T1、T2 的并发操作如表 5-2 所示（T1 和 T2 中序号相同的步骤发生在同一时刻），该操作带来的数据不一致问题是________。

表 5-2　事务并发访问（2）

T1	T2
① 读 A=25，B=10	①
②	② 读 A=25，A=A×2 写回 A=50
③ 读 A=50，B=10，求 A-B = 40	③

5.2.5　简答题

1. 简述事务的四大基本特性及其含义。
2. DBMS 一旦发现用户的操作不满足参照完整性，会采取哪些具体的处理措施?
3. 在数据库安全性保证中，用户标识和鉴别指什么，它们起到了什么作用?
4. 在数据库中，如何通过视图机制提高数据的安全性?
5. 简述数据库完整性的含义，并列举几种数据库完整性约束。

5.2.6　应用题

某图书馆的图书管理系统包含以下关系。

（1）图书信息表 Book（BookID, Title, Author, ISBN, Publisher, StockQuantity, LastUpdatedDate），其属性分别为图书编号、书名、作者、ISBN、出版社、库存数量、最后更新日期（相同 ISBN 的图书可能购置多本，以供多名读者同时借阅）。

（2）图书借阅信息表 Loan(LoanID,BookID,BorrowerID,LoanDate,ReturnDate)，其属性分别为借阅编号、图书编号、借阅者编号、借阅日期，归还日期（规定：相同编号的图书每个借阅者在同一天内只能借一本）。

（3）图书预定信息表 Reservation（RID,BorrowerID,BookID,RDate,RSuccessDate,RState），其属性分别为预定编号、借阅者编号、图书编号、预定日期、预定成功日期、预定状态（0 表示预定中，1 表示预定成功，-1 表示取消预定）。借阅者借阅某书发现其库存数量为 0 时，可以登记图书预定信息表（当天为预定日期），当库存数量大于 0 时，最早预定该书的借阅者预定成功（当天为预定成功日期），假设相同 BookID 的图书每次仅预订 1 本。

请用 SQL Server 数据库的 SQL 语句实现以下 3 个触发器。

（1）借阅触发器：每当使用 INSERT 语句向表 Loan 中插入一条借阅记录时（假设一条 INSERT 语句只插入一个元组），减少表 Book 中相应图书的库存数量，并把最后更新日期设置为当前日期（假设当前日期是 2025 年 1 月 1 日），注意，每个借阅者每天只能借一本 BookID 相同的图书。

（2）归还触发器：每当使用 UPDATE 语句修改表 Loan 中的数据时，对于每条记录，如果 ReturnDate 列由空值 NULL 更新为非空值，则将表 Book 中对应 BookID 的库存数量加 1（即归还的图书重新入库），并把最后更新日期设置为当前日期（假设当前日期是 2025 年 1 月 2 日），确保 ReturnDate 从 NULL 变为非空值。

（3）图书预定触发器：每当使用 UPDATE 语句修改表 Book 时，对于每条记录，如果 StockQuantity 由 0 变为 1，则将该 StockQuantity 设置为-1（表示尽管库存数量是 1，但已被预定，不能被未预定的读者借阅）；同时，在表 Reservation 中查找该 BookID 下 RState=0 的记录中预定日期最早的那条记录，将其 RState 设置为 1 且将 RSuccessDate 设置为当前日期。

5.3 习题答案与解析

5.3.1 单选题答案与解析

1. 答案：C

解析：触发器主要用于数据完整性校验、数据转换和处理、审计和日志记录等，而不直接用于并发控制。

2. 答案：B

解析：锁粒度越小，发生锁竞争的可能性越小，因为粒度小的锁通常针对的是更小的数据单元。

3. 答案：C

解析：解决死锁的基本方法包括预防死锁、避免死锁、检测死锁和解除死锁，强制死锁并不是一种处理死锁的方法。

4. 答案：C

解析：数据库安全性涉及多个方面，包括数据的加密、存取控制、审计等，目的是保护数据库免受未授权访问和破坏。它不仅是数据库管理员的责任，还是整个信息系统安全的重要组成部分。

5. 答案：D

解析：任何事务对某数据加排他锁后，其他事务不能再对该数据加任何类型的锁。

6. 答案：C

解析：数据库审计是记录用户使用数据库系统进行活动的过程，是数据库安全性的一个重要组成部分，它可以帮助识别潜在的威胁和不正当行为。审计不仅记录成功的操作，还记录失败的操作。

7. 答案：D

解析：索引主要用于提高查询性能，而非增强数据库安全性。

8. 答案：D

解析：实体完整性、参照完整性和用户自定义完整性是数据库完整性约束的常见类型，逻辑完整性不是标准术语。

9. 答案：C

解析：视图是基于 SQL 语句的虚拟表，它并不存储数据，而是存储从真实表中检索数据的查询语句。

10. 答案：C

解析：封锁是并发控制的主要手段，用于解决多个事务并发访问数据时可能产生的冲突。它并不总是导致死锁，也不会永久阻止其他事务访问数据。

11. 答案：C

12. 答案：D

解析：在自主存取控制中，GRANT 是授权，REVOKE 是回收权限。

13. 答案：D

解析：为保证数据库的正确性，必须先写日志文件，后操作数据库的修改。

14. 答案：D

解析：日志文件用于用户数据库恢复，它记录数据的所有更新操作，DBMS 利用日志文件可以恢复到某一个更新状态前。

5.3.2 多选题答案与解析

1. 答案：A、B、C、D

解析：选项中的所有措施都可以提高数据库的安全性。强密码策略可以防止未经授权的访问，定期备份可以防止数据丢失，限制远程访问可以降低潜在的安全风险，启用审计功能可以帮助追踪和识别安全问题。

2. 答案：A、B、C

解析：事务的四大基本特性是原子性、一致性、隔离性和持久性，实时性并非其基本特性。

3. 答案：A、B、C、D

4. 答案：A、B、D

解析：DAC 允许数据所有者自主决定访问权限，数据所有者可以授予和撤销权限，同时，系统管理员可以设置全局访问策略；但不适用于需要严格控制访问权限的敏感数据，这类数据通常适用于强制存取控制（MAC）。

5. 答案：A、B、C

解析：并发操作可能引起的问题包括丢失修改、脏读、不可重复读，数据溢出通常是数据量过大或系统资源不足引起的，与并发操作无直接关系。

6. 答案：C、D

解析：数据库恢复的实现技术主要是建立冗余并利用冗余数据实施数据库恢复，其涉及的重要数据是数据库备份文件和日志文件。

7. 答案：A、B、C

解析：建立检查点、建立副本、建立日志文件都是数据库恢复通常采用的方法；建立索引是为提高数据查询速度而采取的方法。

5.3.3 判断题答案与解析

1. 答案：（√）

2. 答案：（×）

解析：并发操作可能导致数据不一致，但通过适当的并发控制可以避免数据不一致问题。

3. 答案：（√）

4. 答案：（×）

解析：强制存取控制是由系统强制实施的对用户存取权限的控制，数据库管理员也不能随意更改用户的存取权限。

5. 答案：（√）

6. 答案：（×）

解析：实体完整性使用 PRIMARY KEY 来约束，参考完整性用 FOREIGN KEY 和 REFERENCE 来定义。

7. 答案：（√）

8. 答案：（×）

解析：除了封锁不当，其他因素也可能导致死锁，如资源的分配顺序不当、资源的请求顺序不当、持有和等待条件、循环等待条件等。

9. 答案：（√）

5.3.4 填空题答案

1. 加锁，解锁
2. 保密性，可审计性（答案顺序可调换）
3. 存取控制
4. 相容性，一致性（答案顺序可调换）

5. 安全性
6. 系统故障
7. 介质故障
8. 丢失修改，不可重复读，脏读（答案顺序可调换）
9. 活锁
10. REVOKE UPDATE(Title) ON Book FROM User1
11. 事务
12. 持久性
13. 排他锁（或写锁、X 锁）
14. 共享锁，排他锁（答案顺序可调换）
15. 一级封锁协议，丢失修改，正常，异常
16. 丢失修改和脏读，丢失修改、脏读和不可重复读
17. 丢失修改（T1 在第③步做的修改被 T2 在第④步做的修改覆盖，T1 修改丢失）
18. 不可重复读（T1 读取数据 A、B 后，T2 修改 A，使 T1 无法获取上一次读取的数据 A）

5.3.5 简答题参考答案

1. 参考答案

事务的四大基本特性如下。

（1）原子性：事务包含的所有操作要么全部执行，要么全部不执行。

（2）一致性：事务必须使数据库从一个一致性状态变换到另一个一致性状态。

（3）隔离性：每个事务感受不到其他事务在并发执行。

（4）持久性：事务一旦提交，其结果是永久性的，即使系统崩溃，也不会丢失提交事务的操作。

2. 参考答案

DBMS 一旦发现用户的操作不满足参照完整性，一般会采取以下 3 类处理措施。

（1）拒绝执行。

（2）级联操作：主表中数据被删除，关联的子表记录也被删除。

（3）设置为空值：主表中数据被删除，关联的子表中相应的列设为空值。

3. 参考答案

用户标识是用户或应用向数据库系统出示的身份证明，用户鉴别是证明声明用户为系统合法用户的过程。它们是保证数据库安全性中的重要环节，使系统可以验证用户的身份，并根据用户的身份和权限来控制其对数据库的访问，从而防止未经授权的访问和数据泄露。

4. 参考答案

视图机制通过定义虚拟表来限制用户对基础数据的访问，从而提高数据的安全性。视图机制常与授权机制配合使用；同时，视图机制通过创建只包含必要字段或必要记录的视图，或包含聚集信息而非详细信息的视图，从而隐藏基础数据的敏感信息，实现对机密数据的保护。

5. 参考答案

数据库完整性是指数据的正确性、相容性和一致性。它要求数据库中的数据在逻辑上必须符合一定的规则和要求。数据库完整性约束是确保数据完整性的重要手段，包括实体完整性约束（如主码约束）、参照完整性约束（如外码约束）、用户自定义完整性约束（如 CHECK 约束）和命名完整性约束（如 UNIQUE 约束）等。这些约束可以确保数据在插入、更新或删除时满足一定的规则和条件，从而保持数据的准确性和一致性。

5.3.6 应用题参考答案

（1）借阅触发器。

借阅触发器的参考代码如下。

```
CREATE TRIGGER trg_AfterLoanInsert
ON Loan
AFTER INSERT
AS
BEGIN
    SET NOCOUNT ON;
    -- 对于插入的每条借阅记录，减少对应图书的库存数量
    UPDATE Book
    SET Book.StockQuantity = Book.StockQuantity - 1,
        Book.LastUpdatedDate = '2025-01-01'
    FROM Book
    INNER JOIN inserted  ON Book.BookID = inserted.BookID;
END;
```

（2）归还触发器。

归还触发器的参考代码如下。

```
CREATE TRIGGER trg_AfterLoanUpdate ReturnDate
ON Loan
AFTER UPDATE
AS
BEGIN
    SET NOCOUNT ON;
    IF UPDATE(ReturnDate) -- 检查 ReturnDate 列是否更新
    BEGIN
        UPDATE Book
        SET Book.StockQuantity = Book.StockQuantity + 1, -- 如果 ReturnDate
从 NULL 变为非空值，则库存数量+1
            Book.LastUpdatedDate = '2025-01-02'
        FROM Book
        INNER JOIN inserted i ON Book.BookID = i.BookID
        INNER JOIN deleted d ON i.LoanID = d.LoanID AND d.ReturnDate IS NULL
AND i.ReturnDate IS NOT NULL; -- 确保 ReturnDate 从 NULL 变为非空值
    END
END;
--注意，SQL Serer 的 UPDATE 触发器实现中没有 updated，而是先 deteted 后 inserted
```

（3）图书预订触发器。

图书预订触发器的参考代码如下。

```
CREATE TRIGGER trg_AfterBookStockUpdate
ON Book
AFTER UPDATE
AS
BEGIN
    SET NOCOUNT ON;

    -- 检查是否有 StockQuantity 从 0 更新为 1 的记录
    IF UPDATE(StockQuantity) AND EXISTS (
        SELECT *
        FROM inserted i
        INNER JOIN deleted d ON i.BookID = d.BookID
        WHERE i.StockQuantity = 1 AND d.StockQuantity = 0
    )
    BEGIN
        -- 将表 Book 中对应的 StockQuantity 设置为-1
        UPDATE b
        SET b.StockQuantity = -1, b.LastUpdatedDate= GETDATE()
        FROM Book b
        INNER JOIN inserted i ON b.BookID = i.BookID
        WHERE i.StockQuantity = 1;

        -- 在表 Reservation 中找到对应 BookID 下 RState=0 的记录中预定日期最早的那条
记录，将其 RState 设置为 1 且将 RSuccessDate 设置为当前日期
        WITH EarliestReservation AS (
            SELECT BookID, MIN(RDate) AS EarliestRDate
            FROM Reservation
            WHERE RState = 0
            GROUP BY BookID
        )
        UPDATE r
        SET r.RState = 1,
            r.RSuccessDate = GETDATE()
        FROM Reservation r
        INNER JOIN EarliestReservation e ON r.BookID = e.BookID AND r.RDate =
e.EarliestRDate
        INNER JOIN inserted i ON r.BookID = i.BookID;
    END
END;
```

5.4 实验 4：数据库安全性与完整性实践

5.4.1 实验目的

（1）熟悉 SQL Server 中的登录管理和用户管理。

（2）掌握自主存取控制及其在权限管理和角色管理中的应用。

（3）理解完整性约束的应用。

（4）掌握触发器的应用。

5.4.2 实验平台

（1）操作系统：Windows 7 及以上。

（2）DBMS：SQL Server 2022 Express。

（3）数据库管理工具：SQL Server Management Studio 19。

（4）数据库文件：LibraryManagement.mdf 文件与 LibraryManagement.ldf 文件。

5.4.3 实验内容

1. 登录管理

在 SQL Server 的 DBMS 中，通过“CREATE LOGIN〈Login_name〉WITH PASSWORD = '〈enterStrongPasswordHere〉'”创建登录名 Login1、Login2 和对应的密码，用 Login1 连接数据库引擎，查看该登录名属性中对应的服务器角色、用户映射、安全对象和状态等信息。然后，使用“DROP LOGIN〈Login_name〉”删除登录名 Login2。

【参考答案】

使用“CREATE LOGIN Login1 WITH PASSWORD = '...'”创建登录名和密码。可以在对象资源管理器中的“安全性”“登录名”里看到新增的 Login1、Login2（可能需要刷新才能看到），右击 Login1，打开“登录属性”窗口。

在“常规”页中，Login1 的默认数据库为“master”；在“服务器角色”页中，Login1 仅具备预定义的 public 角色；在“用户映射”页里，目前 Login1 未与任何数据库里的任何用户对应，在各个数据库的“角色成员”身份里，仅有 public 这一个角色；在“安全对象”页里，Login1 没有任何权限；在“状态”页里，Login1 当前允许连接到数据库引擎并启用。总之，这是一个普通登录名的初始状态，数据库管理员（下文简称管理员）用户创建登录名后，可以赋予其更多的权限。

Login1 默认只能打开 master，用 Login1 连接数据库引擎后，可以访问除 model 之外的其他系统数据库，但不能访问未授权的用户数据库。model 数据库是一个模板数据库，SQL Server 通常不允许普通用户（管理员或具有适当权限的用户除外）直接连接或对其进行修改，以确保其完整性和安全性。

public 角色为 SQL Server 中的所有用户提供了一个基础级别的访问权限（只读，不能修改、删除与插入），所有的数据库用户都自动成为 public 角色的成员。它具备对系统表和系统视图的 SELECT 权限以及对所有用户可见的内置函数、存储过程、系统函数的 EXECUTE 权限。

在对象资源管理器的左上角单击“连接”，选择“数据库引擎”，打开“连接到服务器”对话框，使用 Login1 和密码，以“SQL Server 身份验证”方式登录数据库引擎，对象资源管理器中会打开该登录名下的所有相关资源。

使用“DROP LOGIN Login2”语句可以删除 Login2 这个登录名。如果该用户处于登录状态，则系统不允许删除该登录名，建议使用以下 SELECT 语句查出对应的会话（session），并且用“KILL session_id”删除对应的 session（session_id 是 SELECT 的结果）后，再次运行 DROP LOGIN 命令。

```
SELECT session_id, Login_name
FROM sys.dm_exec_sessions
WHERE Login_name = 'Login2';
```

2. 用户管理

使用 CREATE USER 语句，在 LibraryManagement 数据库中创建用户 User1 和 User2，其中 User1 与 Login1 建立映射关系，User2 不和其他登录名建立关联。在 SSMS 中查看它们的属性。使用 DROP USER 语句删除 User2。用 Login1 连接数据库，验证 Login1 是否具备对 LibraryManagement 数据库中表 Book 的 SELECT 权限。

用管理员用户连接数据库，将 LibraryManagement 数据库的操作权限赋予 Login1，再次使用 Login1 连接数据库，验证 Login1 是否具备对 LibraryManagement 数据库中表 Book 的 SELECT 权限。

【参考答案】

使用以下语句创建 User1 和 User2，注意，与登录名不同，用户名是数据库下的安全概念，为某个数据库服务。在创建用户之前，需要使用 USE 语句切换到指定数据库下。

```
USE LibraryManagement;
CREATE USER User1 for LOGIN Login1;
CREATE USER User2 WITHOUT LOGIN;
```

用户创建成功后，可以在 SSMS 对象资源管理器的 LibraryManagement 数据库的“安全性”节点下找到 User1 和 User2；右击查看属性，可以看到，目前这两个用户还未拥有操作 LibraryManagement 数据库的具体权限。例如，以下 SQL 语句不能成功执行查询，出现错误提示“拒绝了对对象'Book'（数据库'LibraryManagement'，架构'dbo'）的 SELECT 权限。”

```
USE LibraryManagement;
SELECT * FROM Book;
```

删除 User2 的 SQL 语句是“DROP USER User2”。

3. 权限管理与自主存取控制

通过管理员用户为 User1 授予对表 Book 的 INSERT 和 UPDATE 权限以及在 Title、Author、Publisher 列上的 SELECT 权限，为 User1 授予 CREATE TABLE 权限，并添加对这些权限的验证。收回 User1 的 INSERT 权限并验证。

【参考答案】

使用管理员用户运行以下语句。

```
USE LibraryManagement;
GRANT SELECT(Title,Author,Publisher),INSERT,UPDATE ON BOOK TO User1;
```

授权成功后，User1 属性的“安全对象”页中会展示 User1 对 dbo.Book 的权限，结果如图 5-1 所示。

使用 User1 运行以下 SELECT 语句、INSERT 语句、UPDATE 语句，语句成功执行，则相关授权成功。

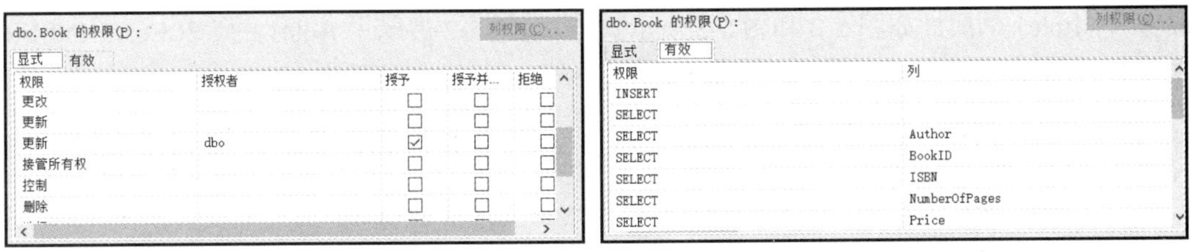

(a)　　(b)

图 5-1　User1 在表 Book 上的权限

```
USE LibraryManagement;
SELECT Title,Author,Publisher FROM Book;
INSERT INTO Book(Title,Author,Publisher)
    VALUES('编译原理','陈石','人民邮电出版社');
UPDATE Book SET Author='陈士' WHERE Title='编译原理' AND Publisher='人民邮电出版社'
```

在管理员连接窗口运行以下语句，收回 User1 的 INSERT 权限。

```
USE LibraryManagement;
REVOKE INSERT ON Book FROM User1
```

权限收回成功后，再使用 User1（即 Login1 连接窗口）运行以下 INSERT 语句，则提示“拒绝了对对象'Book'（数据库'LibraryManagement'，架构'dbo'）的 INSERT 权限。”

```
USE LibraryManagement;
INSERT INTO Book(Title,Author,Publisher)
    VALUES('编译原理','陈石','人民邮电出版社');
```

在 SQL Server 中，若需要在数据库内某架构（Schema）下执行修改对象的操作（如添加、删除或修改表、视图、列等），需要先获取 ALTER ON SCHEMA 的权限，再赋予类似于 CREATE TABLE 的权限。使用以下 SQL 语句授予 User1 建表权限。

```
USE LibraryManagement;
GRANT CREATE TABLE TO User1;
GRANT ALTER ON SCHEMA :: dbo TO User1;
```

运行成功后，可以使用 User1 运行以下语句，在 LibraryManagement 中创建表 T100。

```
USE LibraryManagement;
CREATE TABLE T100(ID INT);
```

4. 角色管理

使用管理员用户在 LibraryManagement 数据库上创建角色 Role1，将表 Borrower 的 SELECT、INSERT 和 Name 列上的 UPDATE 权限授予 Role1；让 User1 承担 Role1 角色，验证其权限可用；回收 Role1 在表 Borrower 上的 SELECT 权限，并验证其权限不可用；不再让 User1 承担 Role1 角色，验证其权限不可用；删除 Role1。

【参考答案】

使用管理员用户运行以下语句创建 Role1。

```
USE LibraryManagement;
CREATE ROLE Role1;
```

执行成功后，LibraryManagement 数据库的“安全性”→“角色”→“数据库角色”节点中会添加新的角色 Role1；右击查看其属性，可以看到当前 Role1 还没有任何权限。

使用以下语句，将 SELECT、INSERT、UPDATE(Name)的权限授予角色 Role1；执行

成功后，Role1 的属性如图 5-2 和图 5-3 所示。其中，图 5-2 展示了 Role1 的 SELECT、INSERT 和 UPDATE 权限，图 5-3 展示了 UPDATE 在 Name 列上的权限状态。

```
USE LibraryManagement;
GRANT SELECT,INSERT, UPDATE(Name) ON Borrower TO Role1;
```

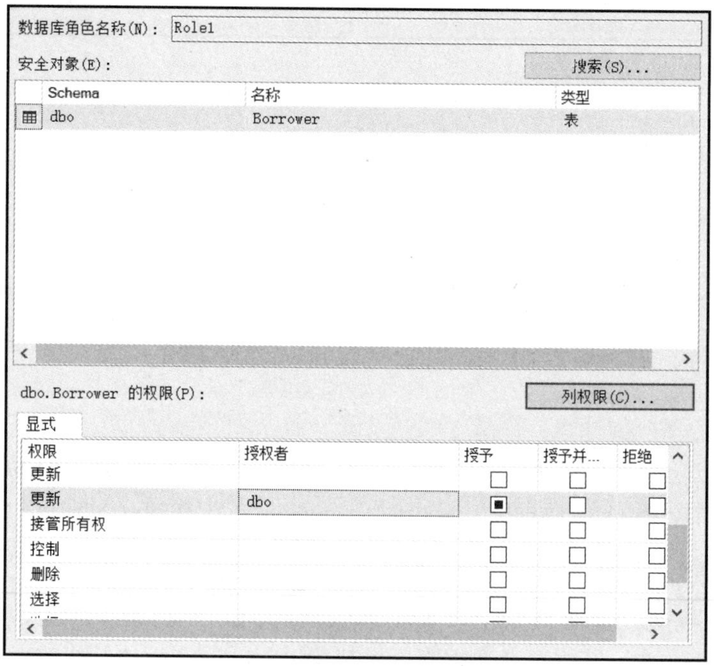

图 5-2　角色属性的安全对象（1）

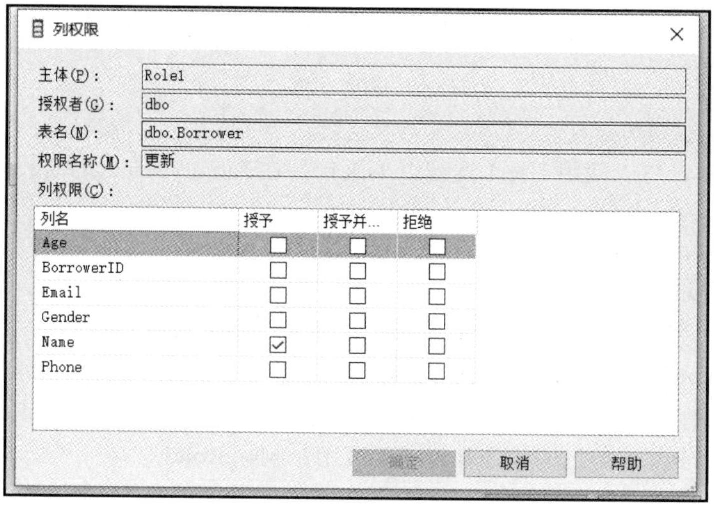

图 5-3　角色属性的安全对象（2）

使用以下语句让 User1 承担 Role1 角色。

```
USE LibraryManagement;
ALTER ROLE Role1 ADD MEMBER User1;
```

用 User1 登录，执行以下 SQL 语句，如果语句成功执行，说明权限授予成功。

```
USE LibraryManagement;
```

```
SELECT * FROM Borrower;
INSERT INTO Borrower(Name,Gender,Age) VALUES('林玲','女',34);
UPDATE Borrower SET Name='陈玲' WHERE Name = '林玲';
```

利用管理员用户运行以下 SQL 语句回收 Role1 在表 Borrower 上的 SELECT 权限。此时，User1 再在 LibraryManagement 上执行“SELECT * FROM Borrower;”就会出现权限不足的提示。

```
USE LibraryManagement;
REVOKE SELECT ON BORROWER  FROM Role1;
```

管理员使用以下 ALTER ROLE 语句取消 User1 承担角色 Role1 的资格，则 User1 再在 LibraryManagement 上执行对表 Borrower 的 INSERT 语句时，就会出现权限不足的提示。

```
USE LibraryManagement;
ALTER ROLE Role1 DROP MEMBER User1;
```

管理员可以使用以下语句删除角色 Role1。

```
USE LibraryManagement;
DROP ROLE Role1
```

5. 完整性约束验证

示例数据库 LibraryManagement 中的表 Book、Borrower 和 Loan 的结构如图 5-4 所示，通过 SP_HELPCONSTRAINT 存储过程查看 3 个表上已建立的约束，分析 3 个表之间的关联。

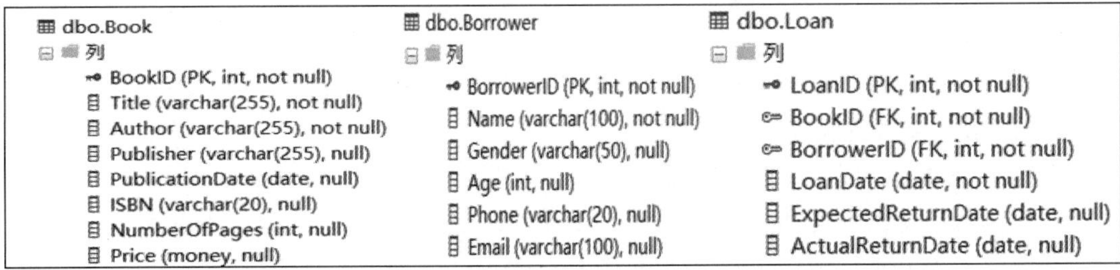

图 5-4 表 Book、Borrower 和 Loan 的结构

为表 Book 上的 ISBN 列增加“非空约束”，处理其可能出现的问题，再通过 SP_HELPCONSTRAINT 查看约束的结果。

使用 SQL 语句删除表 Book 中 BookID=18 的记录，查看是否成功，分析原因，修改外码约束为级联更新，并完成对 BookID=18 相关记录的删除。

【参考答案】

运行以下语句，可以看出，表 Book、Borrower 和 Loan 上分别建立了主外码约束，其中，表 Loan 上的 BookID 列和 BorrowerID 列有建立在表 Book 的 BookID 列和表 Loan 的 BorrowerID 列上的外码约束。

```
USE LibraryManagement;
EXEC SP_HELPCONSTRAINT Book;
EXEC SP_HELPCONSTRAINT Borrower;
EXEC SP_HELPCONSTRAINT Loan;
```

通过以下语句，在表 Book 的 ISBN 列上创建非空约束，语句不能正常运行，提示信息为“ALTER TABLE 语句与 CHECK 约束'CK__Book__ISBN__5AEE82B9'冲突。该冲突发生于数据库'LibraryManagement'，表'dbo.Book',列'ISBN'。”，表示该列上存在空值，无法在其上创建非空约束，改为“ALTER TABLE Book WITH NOCHECK ADD CONSTRAINT CK_BOOK_ISBN_NOTNULL CHECK(ISBN IS NOT NULL);”并执行后，成功创建非空约束。

```
USE LibraryManagement;
ALTER TABLE Book ADD CONSTRAINT CK_BOOK_ISBN_NOTNULL CHECK(ISBN IS NOT NULL);
```

通过“EXEC SP_HELPCONSTRAINT Book;”可以看到新增的约束“CHECK on column ISBN”，此时，运行“INSERT INTO Book(Title,Author,Publisher) VALUES('软件体系结构','周梦','人民邮电出版社');”会出现错误，提示“INSERT 语句与 CHECK 约束‘CK_BOOK_ISBN_NOTNULL’冲突”。

运行以下删除语句时，会出现“DELETE 语句与 REFERENCE 约束‘FK_Loan_Book’冲突”的错误，因为表 Loan 中存有 BookID =18 的记录，删除表 Book 中 BookID =18 的操作不被允许。

```
USE LibraryManagement;
DELETE FROM BOOK WHERE BookID = 18;
```

可以通过设置级联更新的方法来解决这个问题，代码如下。

```
USE LibraryManagement;
ALTER TABLE LOAN DROP CONSTRAINT FK_loan_Borrower;
ALTER TABLE LOAN
ADD CONSTRAINT FK_loan_Borrower FOREIGN KEY(BookID) REFERENCES Book(BookID)
ON UPDATE CASCADE ON DELETE CASCADE;
```

6. 触发器的应用

创建一个触发器，确保表 Book 中插入新记录时，如果 Price 字段为空或为负数，将其设置为 0，并对其进行验证。

用以下 SQL 语句在 LibraryManagement 数据库中创建新表 BorrowerHistory，用于存放注销的借阅者信息，当表 Borrower 中的借阅者信息被删除时，将该借阅者的编号、姓名和电话号码存入表 BorrowerHistory 中，其中 CloseAccount 为当前日期。

```
USE LibraryManagement;
CREATE TABLE BorrowerHistory(
    BorrowerID INT PRIMARY KEY,
    Name VARCHAR(100),
    Phone VARCHAR(20),
    CloseAccount Date  --注销日期
);
```

【参考答案】

以下 PriceTrigger 的定义确保表 Book 中插入新记录时，如果 Price 字段为空或为负数，将其设置为 0。

```
CREATE TRIGGER PriceTrigger
ON Book
AFTER INSERT
AS
BEGIN
    UPDATE Book
    SET Price = 0
    WHERE EXISTS
```

```
        (
            SELECT * FROM inserted
            WHERE
                (inserted.price IS NULL OR inserted.price < 0)
            AND inserted.BookID = Book.BookID
        );
    END;
```

例如，在以下两条 INSERT 语句中，Price 分别为空和负数，触发器会将其设置为 0。

```
    INSERT INTO Book(Title,Author,Publisher,ISBN) VALUES('信息安全','周世杰','人民邮电出版社','23232542323');
    INSERT INTO Book(Title,Author,Publisher,ISBN,Price) VALUES('网络安全','周世杰','人民邮电出版社','23323219323',-5);
```

以下 trg_AfterBorrowerDelete 的定义确保表 Borrower 中的借阅者信息被删除时，其相关信息被存入表 BorrowerHistory 中。

```
    ALTER TRIGGER trg_AfterBorrowerDelete
    ON Borrower
    AFTER DELETE
    AS
    BEGIN
        INSERT INTO BorrowerHistory(BorrowerID, Name, Phone, CloseAccount)
        SELECT deleted.BorrowerID, deleted.Name, deleted.Phone, GETDATE()
        FROM deleted;
    END;
    --验证下列 DELETE 语句，触发器将激活，并在表 BorrowerHistory 中新增一条记录
    DELETE FROM Borrower WHERE Name = '林雨欣'
```

5.5 本章小结

本章以关系数据库的安全与保护为主题，通过选择题、判断题、填空题与简答题等多种常规题型，帮助读者掌握相关基本概念。同时，本章还针对触发器的应用，设置了图书管理系统案例的应用题，以提高读者解决实际问题的能力。本章最后一部分设计的实验 4，从 SQL Server 数据库的登录、用户管理入手，逐步深入，到权限管理、角色管理、完整性约束验证和触发器应用，提供了与数据库安全与保护相关的一系列操作示例。

第 6 章 关系数据库的规范化理论

关系数据库的规范化理论研究的是关系模式中各属性之间的依赖关系及其对关系模式性能的影响，提供判断关系模式优劣的理论标准。《数据库系统原理（微课版）》第 6 章“关系数据库的规范化理论”首先介绍了关系模式中可能存在的冗余和异常问题，然后介绍了函数依赖和范式等关键理论，最后介绍了如何进行模式分解以得到优化的关系模式。

6.1 基本知识点

《数据库系统原理（微课版）》第 6 章的学习重点在于理解函数依赖及范式的相关理论以及掌握模式分解。需要了解和掌握的知识点具体如下。

- 了解关系模式中可能存在的冗余和异常问题。
- 掌握函数依赖和范式的关键理论，了解函数依赖的分类。
- 理解逻辑蕴含和闭包的相关概念。
- 理解阿姆斯特朗公理及其推论并熟练运用，从而有效而准确地计算函数依赖的逻辑蕴含。
- 理解最小函数依赖集的相关概念及其计算方法。
- 理解候选码的概念及其求解过程。
- 掌握模式分解的关键算法，以保证分解后的关系模式是无损连接以及保持函数依赖；重点掌握验证关系模式的分解是否具有保持函数依赖特性，或者关系模式的分解是否具有无损连接性；掌握把关系模式分解为 3NF 和 BCNF 的相关算法。

6.2 习题

6.2.1 单选题

1. 在关系数据库中，若 $X \to Y$，$X \to Z$，则以下哪个函数依赖是成立的？（　　）

   A. $X \to YZ$　　B. $Y \to XZ$　　C. $Z \to XY$　　D. $Z \to Y$

2. 规范化理论是关系数据库进行逻辑设计的理论依据。根据这个理论，关系数据库中的关系必须满足：其每一个属性都是（　　）。

A. 互不相关的　　B. 互相关联的　　C. 不可分解的　　D. 可以组合的

3. 关系数据库规范化是为解决关系数据库中的什么问题而引入的？（　　）

A. 提高查询速度　　B. 减少数据操作的复杂性

C. 插入异常、删除异常和数据冗余　　D. 增强并发能力

4. 在关系数据库设计中，哪个范式要求消除非主属性对码的传递函数依赖？（　　）

A. 第一范式（1NF）　　B. 第二范式（2NF）

C. 第三范式（3NF）　　D. Boyce-Codd 范式（BCNF）

5. 在规范化过程中，为什么要避免过度规范化？（　　）

A. 以免增加数据存储空间　　B. 以免降低查询性能

C. 以免增加数据冗余　　D. 以免简化数据库结构

6. 如果一个数据库表违反了第二范式，可能导致的问题是什么？（　　）

A. 数据不一致　　B. 数据冗余

C. 数据丢失　　D. 查询性能下降

7. 规范化理论中的“函数依赖”是指什么？（　　）

A. 一个属性的值决定另一个属性的值

B. 一个表的值决定另一个表的值

C. 一个数据库的值决定另一个数据库的值

D. 一个属性的值依赖于多个属性的值

8. 哪个范式要求关系中的每一个决定因素都包含候选码？（　　）

A. 1NF　　B. 2NF　　C. 3NF　　D. BCNF

9. 规范化到 Boyce-Codd 范式（BCNF）可以消除什么问题？（　　）

A. 数据插入异常　　B. 数据删除异常

C. 数据冗余和数据不一致　　D. 数据查询性能下降

10. 在规范化过程中，哪个操作不是通常的做法？（　　）

A. 分解大表为多个小表　　B. 合并多个小表为大表

C. 消除部分函数依赖和传递函数依赖　　D. 确保属性的原子性

6.2.2 多选题

1. 关于关系数据库的第一范式（1NF），以下哪些描述是正确的？（　　）

A. 每个属性都是不可再分的　　B. 表中不存在重复的行

C. 表中不包含复合数据类型　　D. 每个属性都直接依赖于主码

2. 第二范式（2NF）要求满足哪些条件？（　　）

A. 每个非主属性都完全依赖于码　　B. 表中不存在传递依赖

C. 主码由单个属性构成　　D. 非主属性之间不存在依赖关系

3. 以下哪些因素可能促使数据库设计者进行规范化？（　　）

A. 消除数据冗余　　B. 提高查询性能

C. 简化数据模型　　D. 保持数据一致性

4. 对于关系数据库，以下哪些说法符合函数依赖的定义？（　　）
   A. 一个属性值可以唯一确定另一个属性值
   B. 一个候选码可以唯一确定一个属性值
   C. 一个属性组的值可以唯一确定另一个属性组的值
   D. 一个主码可以唯一确定一个属性值
5. 以下哪项措施有助于防止数据更新异常？（　　）
   A. 规范化数据库表　　B. 使用事务管理
   C. 实施外码约束　　D. 添加更多的索引
6. 关于第三范式（3NF），以下哪些说法是正确的？（　　）
   A. 表满足第二范式　　B. 消除传递函数依赖
   C. 消除多值依赖　　D. 所有非主属性直接依赖于码
7. 在关系数据库中，外码的作用是什么？（　　）
   A. 确保数据一致性　　B. 建立表之间的关系
   C. 提高查询性能　　D. 防止数据冗余
8. 以下关于候选码的说法哪些是正确的？（　　）
   A. 一个关系可以有多个候选码
   B. 候选码中的每个属性值必须唯一
   C. 每个候选码都可以作为主码
   D. 候选码可以包含空值
9. 关于范式之间的关系，下列说法正确的是？（　　）
   A. 满足第二范式（2NF）的关系模式一定满足第一范式（1NF）
   B. 满足第三范式（3NF）的关系模式一定满足第二范式（2NF）
   C. 满足 Boyce-Codd 范式（BCNF）的关系模式一定满足第三范式（3NF）
   D. 满足第三范式（3NF）的关系模式一定满足第一范式（1NF）
10. 规范化的哪一种关系模式会消除传递函数依赖？（　　）
   A. 第一范式（1NF）　　B. 第二范式（2NF）
   C. 第三范式（3NF）　　D. Boyce-Codd 范式（BCNF）

6.2.3 判断题

1. 如果关系模式 R 中存在非平凡且非传递的函数依赖，则 R 不满足 3NF。（　　）

2. 如果关系模式 R 的所有属性都完全函数依赖于码，则 R 满足 BCNF。（　　）

3. 在关系模式 R 中，如果属性 A 是码的一部分，并且属性 A 决定属性 B，则 B 传递依赖于 R 的码。（　　）

4. 如果一个关系模式中只存在一个候选码，且该候码包含所有属性，则该关系模式满足 BCNF。（　　）

5. 在关系规范化过程中，分解关系模式的目的是消除部分函数依赖和传递函数依赖。（　　）

6. 如果一个关系模式满足 3NF，则它一定不存在部分函数依赖和传递函数依赖。（　　）

7. 如果属性组(*A*,*B*)确定属性 *C* 的值，那么 *C* 函数依赖于 *A* 或 *B*。(　　)

8. 如果关系模式 *R* 中的所有属性都函数依赖于码，则 *R* 属于 1NF。(　　)

9. 在关系模式中，如果存在部分函数依赖，则该关系模式一定不满足 2NF。(　　)

10. 模式分解既具有无损连接性，又保持函数依赖，则分解后的模式可以达到 BCNF。(　　)

6.2.4 填空题

1. 当关系模式中消除了非主属性对码的部分函数依赖时，该关系模式满足________。

2. 如果关系模式中所有属性的值都是________，则该关系模式属于 1NF。

3. 如果一个关系模式满足 3NF，则它已经消除了________对码的部分函数依赖和传递函数依赖。

4. 若关系模式 $R \in$ 1NF，没有任何属性________*R* 的码，则称 $R \in$ BCNF。

5. 进行模式分解时，必须遵守规范化原则：保持原有的函数依赖关系和________。

6. 设 $X \to Y$ 是一个函数依赖，若 $Y \subseteq X$，则称 $X \to Y$ 是一个________。

7. 设 *F* 是关系模式 *R* 的一个函数依赖集，由被 *F* 逻辑蕴含的函数依赖的全体构成的集合，称为 *F* 的________。

8. 在关系模式中，如果属性 *X* 是关系 *R* 候选码的一个真子集，且 $X \to Y$ 成立，则称 *Y* 对 *X*________依赖。

9. 关系模式中的________是指一个属性或属性组能够唯一标识关系中的元组。

10. 如果函数依赖集 *F* 是最小函数依赖集，则 *F* 中的所有函数依赖的右部都是________。

6.2.5 简答题

1. 简述关系数据库规范化理论的主要目标。

2. 试述关系数据库中可能存在的冗余和异常问题。

3. 试述函数依赖根据其不同性质可以分为哪几种不同的类型。

6.2.6 证明题

1. 由 BCNF 的定义可以得到如下结论。

（1）所有非主属性对每一个码都是完全函数依赖。

（2）所有主属性对每一个不包含它的码都是完全函数依赖。

（3）不存在任何属性完全函数依赖于非码的任何一组属性。

请分别证明上述 3 个结论。

2. 证明：如果一个关系模式 $R<U,F> \in$ 3NF，则 $R<U,F> \in$ 2NF。

3. 证明：若 $R<U,F> \in$ BCNF，则 $R<U,F> \in$ 3NF。

4. 证明：任何的二元关系模式必定是 BCNF。

5. 证明：若 $R<U,F> \in$ 3NF，且 *R* 只有包含一个属性的候选码，则 $R<U,F> \in$ BCNF。

6. 证明：$X \to A_1A_2\cdots A_k$ 成立的充分必要条件 $X \to A_i(i=1,2,\cdots,k)$ 均成立。

6.2.7 应用题

1. 设有关系模式 $R<U,F>$，其中，$U=\{A,B,C,D,E,G\}$，$F=\{AE\to D, AG\to C, BE\to G, EG\to D, ABE\to DC, G\to A\}$。

（1）求 R 的最小覆盖 F_m。

（2）求属性 EG 关于 F 的闭包$(EG)^+$。

（3）求 R 的码。

（4）此关系模式最高属于哪级范式？请说明理由。

（5）将此模型分解为 3NF，要求分解既是无损连接又保持函数依赖，并验证该分解具有无损连接性（请给出判断过程）。

2. 设有关系模式 $R<U,F>$，其中，$U=\{A,B,C,D,E\}$，$F=\{A\to BD,E\to C,D\to E\}$，$\rho=\{ABD, CDE\}$。分解 ρ 是否为无损连接分解？试说明理由。

3. 设有关系模式 $R(A,B,C)$，请问函数依赖 $F=\{AB\to C,AC\to B,C\to B\}$满足 3NF 还是满足 BCNF？试说明理由。

4. 设有关系模式 $R<U,F>$，其中，$U=(A,B,C,D,E,G,H,I,J,K)$，$F=\{AB\to D, AE\to G, DE\to C, AC\to DG, C\to B, BE\to D,AI\to JK,J\to I\}$。

（1）求 R 的最小覆盖 F_m。

（2）求$(ACI)^+$。

（3）求 R 的码。

（4）此关系模式最高属于哪级范式？请说明理由。

（5）将此模型分解为 3NF，要求分解既是无损连接又保持函数依赖，并验证该分解具有无损连接性（请给出判断过程）。

（6）判断下面的分解是否为无损连接分解并给出理由：$R_1(ABDI)$、$R_2(ACEG)$、$R_3(DECB)$、$R_4(AEIJK)$。

5. 设有关系模式 $R<U,F>$，其中，$U=\{A,B,C,D,E,G\}$，$F=\{A\to BC,BC\to D,ACD\to E,D\to EG,CD\to A,CG\to BD\}$。

（1）求$(AE)^+$并简要地写出中间步骤。

（2）求 R 的所有候选码。

（3）简述求最小覆盖 F_m 的算法步骤，并求出 F_m。

（4）此关系最高属于哪级范式？请说明理由。

（5）将 R 分解为 3NF，要求具有无损连接性且保持函数依赖，并验证其无损连接性（画出表格）。

6. 现在要开发某商品管理系统，通过需求分析得到一个商品信息表（Commodity），表中信息项包括商品编号（Cno）、商品名称（Cname）、商品价格（Cprice）、商店编号（Sno）、商店名称（Sname）、商店地址（Sadd）、部门编号（Dno）、部门名称（Dname）、部门经理（Dmanager）、商品销量（Csales）、商品库存量（Camount）。商品编号唯一确定商品名称和商品价格，商店编号唯一确定商店名称和商店地址，部门编号唯一确定部门名称和部门经理，商品销量为部门销售商品的数量，商品库存量为商店存储商品的数量。关系 $St<U,F>$ 表示如下：

U={Cno,Cname,Cprice,Sno,Sname,Sadd,Dno,Dname,Dmanager,Csales,Camount}

（1）根据语义写出 F。

（2）计算$(Cno,Dno)^+$和$(Dname)^+$。

（3）找出 Commodity 的候选码。

（4）此关系最高属于哪级范式？请说明理由。

（5）将 Commodity 分解为 3NF，要求具有无损连接性且保持函数依赖，并验证其无损连接性（画出表格）。

6.3 习题答案与解析

6.3.1 单选题答案与解析

1. 答案：A

解析：根据阿姆斯特朗公理的推论，若 $X \to Y$ 且 $X \to Z$，则 $X \to YZ$，即 X 可以确定 Y 和 Z 的值。

2. 答案：C

解析：规范化的最低要求是每个关系模式至少是 1NF，即它的每一个属性对应的域值都是不可分解的。

3. 答案：C

解析：关系数据库规范化可解决关系数据库中存在的数据冗余、插入异常和删除异常等问题。

4. 答案：C

解析：第三范式（3NF）要求消除非主属性对码的传递函数依赖，这有助于进一步减少数据冗余并提高数据一致性。

5. 答案：B

解析：过度规范化可能导致数据库结构过于复杂，增加查询操作的难度和开销，从而降低查询性能。因此，在规范化过程中需要权衡数据冗余和查询性能之间的关系，避免过度规范化。

6. 答案：B

解析：如果一个数据库表违反了第二范式，通常意味着存在非主属性对主码的部分函数依赖，这可能导致数据冗余，因为相同的非主属性信息可能会在不同的行中重复存储。

7. 答案：A

解析：函数依赖是规范化理论的一个核心概念，它指的是在一个关系中，一个属性（或一组属性）的值能够唯一确定另一个属性的值。这体现了属性之间的依赖关系。

8. 答案：D

解析：BCNF 要求关系中的每一个决定因素都包含候选码，这是 BCNF 的一个关键要求，确保了数据库表的更高级别的规范化。

9. 答案：B

解析：BCNF 比 3NF 更为严格，它要求关系中的每个决定因素都直接依赖于候选码。这有助于消除删除操作可能导致的数据丢失问题，即数据删除异常。

10. 答案：B

解析：规范化过程通常涉及将大表分解为多个小表，以消除数据冗余和依赖问题，而不是合并多个小表为大表。合并小表通常不是规范化的做法。

6.3.2 多选题答案与解析

1. 答案：A、C

解析：第一范式（1NF）要求关系中的每个属性都是不可再分的，且关系中不包含复合数据类型。因此，选项 A 和 C 是正确的。选项 B 描述的是无重复行的概念，通常与唯一性约束相关，不是 1NF 的直接要求。选项 D 描述的是第二范式（2NF）的特性。

2. 答案：A、D

解析：第二范式（2NF）要求数据库表中的每个非主属性都完全依赖于码，并且非主属性之间不存在依赖关系。因此，选项 A 和 D 是正确的。选项 B 描述的是第三范式（3NF）的要求。选项 C 并不是 2NF 的必要条件，主码可以由多个属性构成。

3. 答案：A、B、D

解析：规范化的主要目标是消除数据冗余、提高查询性能和保持数据一致性。因此，选项 A、B 和 D 是正确的。虽然规范化有助于简化数据模型的结构，但简化数据模型并不是进行规范化的直接原因，因此选项 C 不是正确答案。

4. 答案：A、C

解析：函数依赖表示一个属性值（或属性组的值）可以唯一确定另一个属性值（或属性组的值）。

5. 答案：A、B、C

解析：规范化数据库表、使用事务管理和实施外码约束都有助于防止数据更新异常。添加更多的索引主要是为了提高查询性能，而不是防止更新异常。

6. 答案：A、B、D

解析：第三范式要求表必须满足第二范式，并且所有非主属性必须直接依赖于码，消除了传递函数依赖。消除多值依赖是第四范式的要求。

7. 答案：A、B

解析：外码用于确保数据一致性和建立表之间的关系。外码本身并不能直接提高查询性能或防止数据冗余。

8. 答案：A、C

解析：一个关系可以有多个候选码，每个候选码都可以作为主码。只包含单个属性的候选码中的每个属性值必须唯一，而且不能包含空值。对由多个属性构成的候选码而言，其中的属性组合必须唯一地标识每一行记录，而不是每个单独的属性的值必须唯一。

9. 答案：A、B、C、D

解析：满足 2NF 的关系模式一定满足 1NF，满足 3NF 的关系模式一定满足 2NF，满足 BCNF 的关系模式一定满足 3NF。

10. 答案：C、D

解析：3NF 和 BCNF 都要求消除传递函数依赖。1NF 和 2NF 并不涉及传递函数依赖的消除。

6.3.3 判断题答案与解析

1. 答案：（×）

解析：3NF 要求关系中的非主属性不传递函数依赖于码。然而，非平凡且非传递的函数依赖本身并不违反 3NF 的定义。实际上，一个关系模式可以包含非平凡且非传递的函数依赖，但仍然满足 3NF，只要这些依赖不涉及非主属性通过其他非主属性间接依赖于码。

2. 答案：（×）

解析：虽然关系模式 R 的所有属性都完全依赖于码是 BCNF 的一个条件，但 BCNF 还要求对于每个决定因素（即能决定其他属性的属性组合），它要么包含候选码，要么就是候选码本身。仅仅所有属性完全函数依赖于码并不足以保证关系满足 BCNF。

3. 答案：（×）

解析：这里描述的实际上是直接函数依赖，而不是传递函数依赖。传递函数依赖涉及一个非主属性通过一个或多个其他非主属性间接依赖于码。而在本题中，属性 B 直接依赖于属性 A，属性 A 是码的一部分，因此属性 B 函数依赖于码，而不是传递依赖。

4. 答案：（√）

5. 答案：（√）

6. 答案：（×）

解析：3NF 只是消除了非主属性对码的部分函数依赖和传递函数依赖，但是，可能存在主属性对码的部分函数依赖和传递函数依赖。

7. 答案：（×）

解析：函数依赖是指一个属性（或属性组）的值唯一确定另一个属性的值。在这个例子中，属性组（A,B）作为一个整体确定属性 C 的值，而不是 C 单独函数依赖于 A 或 B。

8. 答案：（×）

解析：第一范式（1NF）要求关系中的所有属性域的值都是不可再分的，函数依赖与 1NF 的定义无关。即使关系模式 R 中的所有属性都函数依赖于码，也不能直接推断出 R 满足 1NF。

9. 答案：（×）

解析：一个关系模式 R 属于第二范式（2NF）时，也可能存在主属性对码的部分函数依赖。

10. 答案：（×）

解析：模式分解既具有无损连接性，又保持函数依赖，则分解后的模式可以达到 3NF，但是不一定能达到 BCNF。

6.3.4 填空题答案

1. 第二范式（或 2NF）
2. 不可再分的
3. 非主属性
4. 传递函数依赖于
5. 无损连接
6. 平凡的函数依赖
7. 闭包

8. 部分函数

9. 候选码

10. 单属性

6.3.5 简答题参考答案

1. 参考答案

关系数据库规范化理论的主要目标是减少数据冗余、提高数据的一致性和完整性。通过规范化，可以将原始的关系模式分解为更小的、更简单的模式，从而消除数据冗余和不必要的复杂性，最后达到优化数据库结构、提高数据质量和管理效率的目的。

2. 参考答案

关系数据库中可能存在的冗余和异常问题主要如下。

（1）数据冗余：相同的数据在数据库中的多个位置重复存储。冗余数据不仅浪费了宝贵的存储空间，还可能导致数据不一致和维护困难。

（2）数据不一致：由于数据在多个地方冗余存储，当某些地方的数据被修改而其他地方没有相应修改时，可能导致数据不一致。

（3）插入异常：当插入新记录时，如果某些属性没有值（即 NULL 值），无法满足数据库结构的要求（如某些属性不能为空），可能无法成功插入。

（4）删除异常：删除某个记录时，可能会无意中删除其他与之相关的记录，因为它们共享某些冗余数据。

3. 参考答案

函数依赖根据其不同性质可以分为以下几种不同的类型。

（1）完全函数依赖：设 R 为任意给定关系，X、Y 为其属性集，若 $X \to Y$，且 X 中的任何真子集 X' 都不能决定 Y，则称 Y 完全函数依赖于 X。例如，学生的学号和课程号联合决定其成绩，但学号或课程号不能单独决定成绩，因此成绩完全函数依赖于学号和课程号的组合。

（2）部分函数依赖：若存在 $X \to Y$，且 X 的某个真子集 X' 也能决定 Y，则称 Y 部分函数依赖于 X。例如，在记录学生信息时，学号和姓名两个属性组合可以决定学生的性别，但学号本身也可以决定性别，因此性别部分函数依赖于学号和姓名的组合。

（3）传递函数依赖：设 X、Y、Z 是关系 R 中互不相同的属性集合，若 $X \to Y$ 且 $Y \to Z$，但 Y 不决定 X，则称 Z 传递函数依赖于 X。例如，在一个图书管理系统中，书的出版编号决定出版社名，而出版社名又决定出版社地址，但出版社名不能决定书的出版编号，因此出版社地址传递函数依赖于书的出版编号。

这些不同类型的函数依赖在数据库设计和优化中起着重要作用，它们有助于用户分析和理解数据之间的关系，从而设计出更加合理和高效的数据库结构。同时，它们也是实现数据完整性、减少数据冗余以及提高查询性能的关键工具。

6.3.6 证明题参考答案

1. 参考答案

BCNF 的定义是，若关系模式 $R \in 1\text{NF}$，F 是 R 上的函数依赖集，对于 F 中的每一个

函数依赖 $X \to Y$，必有 X 是 R 的一个候选码，则称 $R \in$ BCNF。

结论（1）的证明：假设 R 是一个满足 BCNF 的关系模式，并且存在非主属性 A 对某个码 K 不是完全函数依赖，那么存在 K 的真子集 K'，使得 $K' \to A$。但这与 BCNF 的定义矛盾，因为根据 BCNF，任何非平凡函数依赖的左边都应该是候选码，而 K' 不是码。因此，所有非主属性对每一个码都是完全函数依赖。

结论（2）的证明：考虑一个主属性 B 和一个不包含它的码 K。假设 B 不完全函数依赖于 K，那么存在 K 的真子集 K'，使得 $K' \to B$。但是，由于 K 是码（候选码），它自身应该是一个决定因素，即 $K \to B$。这与 $K' \to B$ 是冗余的，并且违反了 BCNF 的定义，因为 K' 不是码。因此，所有主属性对每一个不包含它的码都是完全函数依赖。

结论（3）的证明：假设存在属性 A 完全函数依赖于非码的某组属性 X（即 $X \to A$，且 X 不是候选码）。那么，由于 X 不是候选码，它就不是决定因素，这与 A 完全函数依赖于 X 矛盾。在 BCNF 中，任何非平凡函数依赖的左边都应该是候选码。因此，不存在任何属性完全函数依赖于非码的任何一组属性。

2. 参考答案

证明：用反证法，若 $R \notin$ 2NF，则存在一个非主属性 B 部分函数依赖于 R 的码 AN，即存在函数依赖 $A \to B$。而 $AN \to A$ 显然是成立的，因此，由 $AN \to A$ 和 $A \to B$ 就可以得到 $AN \to B$，说明存在非主属性 B 对码 AN 的传递函数依赖，这显然是不符合 3NF 的要求的，和已知 $R \in$ 3NF 矛盾，因此假设不成立，即如果 $R<U,F> \in$ 3NF，则 $R<U,F> \in$ 2NF。

3. 参考答案

证明：假设 $R<U,F>$属于 BCNF。首先，根据 BCNF 的定义，每一个非平凡依赖 $X \to A$ 中的 X 都是候选码。这意味着 R 中不存在任何部分依赖于候选码的非主属性，因此 R 自然满足 2NF 的条件。同时，由于 R 属于 BCNF，对于任何非平凡依赖 $X \to Y$，X 必须是候选码。候选码自然也是超码。因此，对于 R 中的任何非平凡依赖 $X \to Y$，X 都是超码。由于 BCNF 已经确保了每个非平凡依赖的左侧都是候选码，这就排除了任何非主属性对候选码的传递函数依赖。综上所述，$R<U,F>$满足 3NF 的所有条件，因此 $R<U,F> \in$ 3NF。

4. 参考答案

证明：对一个关系模式 R 而言，如果对于每一个非平凡的函数依赖 $X \to Y$，都满足 X 是 R 的一个候选码，则 R 属于 BCNF。考虑一个二元关系模式，其中有两个属性 A 和 B。它们之间的函数依赖关系分为以下 3 种。

（1）$A \to B$，A 为候选码，所以 R 满足 BCNF 的要求。

（2）$B \to A$，B 为候选码，所以 R 满足 BCNF 的要求。

（3）它们之间没有函数依赖关系，那么就没有违反 BCNF 的情况，因为没有非平凡的函数依赖存在，所以 R 满足 BCNF 的要求。

综上，任何的二元关系模式必定是 BCNF。

5. 参考答案

证明：设 $R<U,F> \in$3NF，且 R 只有包含一个属性的候选码，该候选码为 K，且 K 为单属性。设 $K=\{A\}$，那么 A 是关系 R 中的唯一候选码。假设 $R \notin$BCNF，则存在一个非平凡的函数依赖 $X \to Y$，使得 X 不是候选码，因此 X 必须包含 A 以外的其他属性。根据 3NF 的定义，对于每一个非平凡的函数依赖 $X \to Y$，要么 X 是一个码，要么 Y 是 X 的一个非主属性。

现在分两种情况讨论：第一，当 X 是一个码，而 A 是唯一候选码时，X 必然包含 A，即 X 是一个候选码，这与假设矛盾；第二，当 Y 是 X 的一个非主属性时，则存在一个码 Z，使得 $Z \to X$，又因为 $X \to Y$，所以 Y 传递函数依赖于 Z，则 $R \notin 3NF$，这与已知条件 $R \in 3NF$ 矛盾，所以假设不成立。综上，若 $R<U,F> \in 3NF$，且 R 只有包含一个属性的候选码，则 $R<U,F> \in BCNF$。

6. 参考答案

证明：假设 $X \to A_1A_2\cdots A_i(i=1,2,\cdots,k)$成立，意味着给定 X，可以唯一确定 $A_1, A_2,\cdots, A_k$；又因为 A_i 是 $A_1, A_2,\cdots, A_k$ 的一个子集，根据自反律可得 $A_1A_2\cdots A_k \to A_i$；最后，根据传递律可得 $X \to A_i(i=1,2,\cdots,k)$。又假设 $X \to A_i(i=1,2,\cdots,k)$均成立，意味着对于任意两个具有相同 X 值的元组，它们在每个 $A_i(i=1,2,\cdots,k)$上的值也相同。因为 $A_1, A_2,\cdots, A_k$ 是属性的集合，所以对于任意两个具有相同 X 值的元组，它们在所有的 $A_1, A_2,\cdots, A_k$ 上的值也相同，即 $X \to A_i(i=1,2,\cdots,k)$均成立，那么可以唯一确定 $A_1, A_2,\cdots, A_k$ 的值，即 $X \to A_1, A_2,\cdots, A_k$ 成立。

6.3.7 应用题参考答案

1. 参考答案

（1）最小覆盖指的是一个等价的函数依赖集，其中每个依赖的右部只有一个属性，并且没有冗余的依赖或属性。给定函数依赖集 $F=\{AE \to D, AG \to C, BE \to G, EG \to D, ABE \to DC, G \to A\}$,按以下步骤进行求解。

步骤 1：将每个依赖的右部拆成单个属性，形成的函数依赖为 $AE \to D$、$AG \to C$、$BE \to G$、$EG \to D$、$ABE \to D$、$ABE \to C$、$G \to A$。

步骤 2：消除冗余的左部属性来简化函数依赖。对于每个函数依赖 $X \to Y$ 中的左部 X，对于每个属性 A 属于 X，检查$(X-A) \to Y$ 是否仍然在 F 的闭包中成立，如果成立，则可以删除 A；计算$(X-A)$的闭包，看看是否包含 Y 中的所有属性，如果$(X-A)$的闭包包含 Y，则 A 是冗余的，可以删除；否则，A 不能删除。以 $AG \to C$ 为例，删除 A，检查 $G \to C$ 是否成立。由于 $G \to A$ 和 $AG \to C$，因此有 $G \to C$，所以属性 A 是冗余的。以此类推，通过简化，得到的函数依赖为 $AE \to D$、$G \to C$、$BE \to G$、$EG \to D$、$BE \to D$、$AE \to C$、$G \to A$。

步骤 3：消除冗余的函数依赖，得到最终的最小覆盖 F_m。以去掉 $AE \to D$ 为例，计算$\{AE\}$关于 $F_1=\{G \to C, BE \to G, EG \to D, BE \to D, AE \to C, G \to A\}$的闭包。设 $X^{(0)}=AE$，计算 $X^{(1)}$，即扫描 F_1 中的各个函数依赖，找到左部为 AE 或 AE 子集的函数依赖，找到一个函数依赖 $AE \to C$，故有 $X^{(1)}=X^{(0)} \cup C=AEC$；因为 $X^{(1)} \neq X^{(0)}$，继续计算 $X^{(2)}$，即扫描 F_1 中的各个函数依赖，找到左部为 AEC 或 AEC 子集的函数依赖，找到一个函数依赖 $AE \to C$，故有 $X^{(2)}=X^{(1)} \cup C=AEC$，故有 $X^{(2)}=X^{(1)}$，算法终止。$(AE)^+=AEC$，不包含 D，故 $AE \to D$ 不是冗余的函数依赖，不能去掉。又以 $EG \to D$ 为例，计算$\{EG\}$关于 $F_2=\{AE \to D, G \to C, BE \to G, BE \to D, AE \to C, G \to A\}$的闭包，设 $X^{(0)}=EG$，计算 $X^{(1)}$，即扫描 F_2 中的各个函数依赖，找到左部为 EG 或 EG 子集的函数依赖，找到两个函数依赖 $G \to C$ 和 $G \to A$，故有 $X^{(1)}=X^{(0)} \cup AC=EGCA$；因为 $X^{(1)} \neq X^{(0)}$，继续计算 $X^{(2)}$，即扫描 F_2 中的各个函数依赖，找到左部为 $EGCA$ 或 $EGCA$ 子集的函数依赖，找到 3 个函数依赖 $G \to C$、$AE \to C$、$G \to A$，故有 $X^{(2)}=X^{(1)} \cup CA=EGCA$；因为 $X^{(2)} \neq X^{(1)}$，继续计算 $X^{(3)}$，即扫描 F_2 中的各个函数依赖，找到左部为 $EGCA$ 或 $EGCA$ 子集的函数依赖，找到 4 个函数依赖 $AE \to D$、$G \to C$、$AE \to C$、$G \to A$，故有 $X^{(3)}=X^{(2)} \cup D=EGCAD$；$(EG)^+=EGCAD$，

包含 D，故 $EG \to D$ 是冗余的函数依赖，可以去掉。以此类推，得到最终的最小覆盖 $F_m=\{AE \to D, G \to C, BE \to G, G \to A\}$。

（2）设 $X^{(0)}=EG$，计算 $X^{(1)}$，即扫描 $F=\{AE \to D, AG \to C, BE \to G, EG \to D, ABE \to DC, G \to A\}$ 中的各个函数依赖，找到左部为 EG 或 EG 子集的函数依赖，找到两个函数依赖 $EG \to D$ 和 $G \to A$，故有 $X^{(1)}=X^{(0)} \cup DA=EGDA$；因为 $X^{(1)} \neq X^{(0)}$，继续计算 $X^{(2)}$，即扫描 F 中的各个函数依赖，找到左部为 $EGDA$ 或 $EGDA$ 子集的函数依赖，找到 4 个函数依赖 $AE \to D$、$AG \to C$、$EG \to D$ 和 $G \to A$，故有 $X^{(2)}=X^{(1)} \cup DCA=EGDAC$；因为 $X^{(2)} \neq X^{(1)}$，继续计算 $X^{(3)}$，即扫描 F 中的各个函数依赖，找到 4 个函数依赖 $AE \to D$、$AG \to C$、$EG \to D$、$G \to A$，故有 $X^{(3)}=X^{(2)} \cup DCA=EGCAD$；$X^{(3)}=X^{(2)}$，算法终止，所以 $(EG)^+=EGCAD$。

（3）对于给定的 $U=\{A,B,C,D,E,G\}$，$F=\{AE \to D, AG \to C, BE \to G, EG \to D, ABE \to DC, G \to A\}$，可以发现 A、G 是 LR 类属性，B、E 是 L 类属性，C、D 是 R 类属性，故 B、E 必在 R 的任意候选码中；计算属性 BE 关于 F 的闭包 $(BE)^+$，设 $X^{(0)}=BE$，计算 $X^{(1)}$，即扫描 $F=\{AE \to D, AG \to C, BE \to G, EG \to D, ABE \to DC, G \to A\}$ 中的各个函数依赖，找到左部为 BE 或 BE 子集的函数依赖，找到一个函数依赖 $BE \to G$，故有 $X^{(1)}=X^{(0)} \cup G=BEG$；因为 $X^{(1)} \neq X^{(0)}$，继续计算 $X^{(2)}$，扫描 F 中的各个函数依赖，找到左部为 BEG 或 BEG 子集的函数依赖，找到 3 个函数依赖 $BE \to G$、$EG \to D$、$G \to A$，故有 $X^{(2)}=X^{(1)} \cup GDA=BEGDA$；因为 $X^{(2)} \neq X^{(1)}$，继续计算 $X^{(3)}$，扫描 F 中的各个函数依赖，找到 6 个函数依赖 $AE \to D$、$AG \to C$、$BE \to G$、$EG \to D$、$ABE \to DC$、$G \to A$，故有 $X^{(3)}=X^{(2)} \cup DCGA=BEGDAC$；$X^{(3)}=U$，算法终止，所以 $(BE)^+=BEGDAC$。所以 $\{BE\}$ 是 R 的唯一候选码。

（4）对于给定的 $U=\{A,B,C,D,E,G\}$，$F=\{AE \to D, AG \to C, BE \to G, EG \to D, ABE \to DC, G \to A\}$，主属性为 $\{B,E\}$，非主属性为 $\{A,C,D,G\}$。考察非主属性 A，由 $BE \to G$ 和 $G \to A$ 可知，$BE \to A$；考察非主属性 C，由 $BE \to A$、$BE \to G$ 和 $AG \to C$ 可知，$BE \to C$；考察非主属性 D，由 $BE \to G$ 和 $EG \to D$ 可知，$BE \to D$；考察非主属性 G，$BE \to G$；综上，每个非主属性都完全函数依赖于 R 的码 $\{BE\}$，故 $R \in$ 2NF；由于属性 A 传递函数依赖于码，所以，R 不是第三范式，故 R 最高属于第二范式。

（5）将此模型分解为 3NF 的过程：求出 R 的最小函数依赖集 $F_m=\{AE \to D, G \to C, BE \to G, G \to A\}$，得到依赖保持性的分解为 $\rho=\{AED, GCA, BEG\}$；为了验证是否具有无损连接性，需要检查以下条件。

第一，每个属性集合可以通过关系的连接操作恢复原始关系模式。根据 $R_1(A,E,D)$、$R_2(A,C,G)$、$R_3(B,E,G)$，得到初步的表格，如图 6-1 所示。

	A	B	C	D	E	G
R_1	a_1	b_{12}	b_{13}	a_4	a_5	b_{16}
R_2	a_1	b_{22}	a_3	b_{24}	b_{25}	a_6
R_3	b_{31}	a_2	b_{33}	b_{34}	a_5	a_6

图 6-1 算法执行过程的表格数据之一

取出函数依赖 $AE \to D$，查看是否存在第 A 列和第 E 列上的值都相等的行，没有发现，所以，这步操作结束，表格数据没有发生变化。

取出函数依赖 $G \to C$，查看是否存在第 G 列的值都相等的行，可以发现，第 R_2 行和第

R_3行这两行在第 G 列上相等，都是 a_6。这时，第 R_2 行第 C 列上存在 a_3，所以，需要把其他行的值也修改成 a_3，也就是说，要把第 R_3 行第 C 列的值修改成 a_3，如图 6-2 所示。

	A	B	C	D	E	G
R_1	a_1	b_{12}	b_{13}	a_4	a_5	b_{16}
R_2	a_1	b_{22}	a_3	b_{24}	b_{25}	a_6
R_3	b_{31}	a_2	a_3	b_{34}	a_5	a_6

图 6-2　算法执行过程的表格数据之二

取出函数依赖 $BE \to G$，做相同的检验操作，表格数据没有发生变化。

取出函数依赖 $G \to A$，做相同的检验操作，得到的结果如图 6-3 所示。

	A	B	C	D	E	G
R_1	a_1	b_{12}	b_{13}	a_4	a_5	b_{16}
R_2	a_1	b_{22}	a_3	b_{24}	b_{25}	a_6
R_3	a_1	a_2	a_3	b_{34}	a_5	a_6

图 6-3　算法执行过程的表格数据之三

取出函数依赖 $AE \to D$，做相同的检验操作，得到的结果如图 6-4 所示。

	A	B	C	D	E	G
R_1	a_1	b_{12}	b_{13}	a_4	a_5	b_{16}
R_2	a_1	b_{22}	a_3	b_{24}	b_{25}	a_6
R_3	a_1	a_2	a_3	a_4	a_5	a_6

图 6-4　算法执行过程的表格数据之四

可以发现，第 R_3 行出现了 a_1、a_2、a_3、a_4、a_5 和 a_6，满足算法判定条件，因此，可以判定为无损连接分解。

第二，至少一个关系模式包含关系的候选码，可以看出，R_3=BEG 包含候选码。

综上，3NF 的分解结果为 R_1=AED，R_2=GCA，R_3=BEG。

2. 参考答案

由于 $\rho=\{ABD,CDE\}$，设 R_1=ABD，R_2=CDE，则 $R_1 \cap R_2=D$，$R_2-R_1=CE$；由于 $D \to E$，$E \to C$，因此 $D \to C$，所以 $D \to CE$，即 $R_1 \cap R_2 \to R_2-R_1$。根据定理，分解 ρ 为无损连接分解。

3. 参考答案

在这个关系模式中，由 $AB \to C$、$AC \to B$ 可知 AB 和 AC 都是候选码，因为它们都能决定所有属性。根据 3NF 的定义，一个关系模式 R 是 3NF，如果对于 R 的每一个非平凡函数依赖 $X \to Y$（Y 不是 X 的子集），要么 X 都是 R 的一个候选码，要么 Y 是主属性。$AB \to C, AC \to B, AB$ 和 AC 是候选码；$C \to B$，B 是主属性；所以，不存在非主属性对码的部分函数依赖和传递函数依赖，因此，R 是满足 3NF 的。

而在 BCNF 中，每个决定因素（即函数依赖的左部）都必须是候选码。在这个例子中，虽然 AB 和 AC 是候选码，但 C 不是候选码，然而存在 $C \to B$ 的函数依赖，这意味着有一个非候选码的属性组决定了另一个属性。因此，关系模式 R 不满足 BCNF。

4. 参考答案

（1）最小覆盖指的是一个等价的函数依赖集，其中每个依赖的右部只有一个属性，并且没有冗余的依赖或属性。给定函数依赖集 $F=\{AB\rightarrow D,AE\rightarrow G,DE\rightarrow C,AC\rightarrow DG,C\rightarrow B,BE\rightarrow D,AI\rightarrow JK,J\rightarrow I\}$，按以下步骤进行求解。

步骤 1：将每个依赖的右部拆成单个属性，形成的函数依赖为 $AB\rightarrow D$、$AE\rightarrow G$、$DE\rightarrow C$、$AC\rightarrow D$、$AC\rightarrow G$、$C\rightarrow B$、$BE\rightarrow D$、$AI\rightarrow J$、$AI\rightarrow K$、$J\rightarrow I$。

步骤 2：消除冗余的左部属性来简化函数依赖。对于每个函数依赖 $X\rightarrow Y$ 中的左部 X，对于每个属性 A 属于 X，检查$(X-A)\rightarrow Y$是否仍然在 F 的闭包中成立，如果成立，则可以删除 A；计算$(X-A)$的闭包，看看是否包含 Y 中的所有属性，如果$(X-A)$的闭包包含 Y，则 A 是冗余的，可以删除；否则，A 不能删除。以 $AB\rightarrow D$ 为例，检查 $B\rightarrow D$ 和 $A\rightarrow D$ 是否成立，结果不成立，A、B 均不能删除，所以 $AB\rightarrow D$ 不能简化。检查 $C\rightarrow B$，左部只有一个属性，不能简化；以此类推，简化后的函数依赖为 $AB\rightarrow D$、$AE\rightarrow G$、$DE\rightarrow C$、$AC\rightarrow D$、$AC\rightarrow G$、$C\rightarrow B$、$BE\rightarrow D$、$AI\rightarrow J$、$AI\rightarrow K$、$J\rightarrow I$。

步骤 3：消除冗余的函数依赖，得到最终的最小覆盖 F_m。以去掉 $AB\rightarrow D$ 为例，计算$\{AB\}$关于 $F_1=\{AE\rightarrow G,DE\rightarrow C,AC\rightarrow D,AC\rightarrow G,C\rightarrow B,BE\rightarrow D,AI\rightarrow J,AI\rightarrow K,J\rightarrow I\}$的闭包。设 $X^{(0)}=AB$，计算 $X^{(1)}$，扫描 F_1 中的各个函数依赖，找到左部为 AB 或 AB 子集的函数依赖，找不到相关的函数依赖，故有 $X^{(1)}=X^{(0)}$，算法终止。$(AB)^+=AB$，不包含 D，故 $AB\rightarrow D$ 不是冗余的函数依赖，不能去掉。又以 $AC\rightarrow D$ 为例，计算$\{AC\}$关于 $F_2=\{AB\rightarrow D,AE\rightarrow G,DE\rightarrow C,AC\rightarrow G,C\rightarrow B,BE\rightarrow D,AI\rightarrow J,AI\rightarrow K,J\rightarrow I\}$的闭包，设 $X^{(0)}=AC$，计算 $X^{(1)}$，扫描 F_2 中的各个函数依赖，找到左部为 AC 或 AC 子集的函数依赖，找到两个函数依赖 $AC\rightarrow G$、$C\rightarrow B$，故有 $X^{(1)}=X^{(0)}GBC=ACGB$；因为 $X^{(1)}\neq X^{(0)}$，继续计算 $X^{(2)}$，扫描 F_2 中的各个函数依赖，找到左部为 $ACGB$ 或 $ACGB$ 子集的函数依赖，找到一个函数依赖 $AB\rightarrow D$，故有 $X^{(2)}=X^{(1)}\cup D=ACGBD$；因为 $X^{(2)}\neq X^{(1)}$，继续计算 $X^{(3)}$，扫描 F_2 中的各个函数依赖，找到左部为 $ACGBD$ 或 $ACGBD$ 子集的函数依赖，没有找到相关的函数依赖，故有 $X^{(3)}=X^{(2)}$，算法终止；（AC）$^+=ACGBD$，包含 D，故 $AC\rightarrow D$ 是冗余的函数依赖，可以去掉。以此类推，得到最终的最小覆盖 $F_m=\{AB\rightarrow D,AE\rightarrow G,DE\rightarrow C,C\rightarrow B,BE\rightarrow D,AI\rightarrow J,AI\rightarrow K,J\rightarrow I\}$。

（2）计算$\{ACI\}$关于 $F_3=\{AB\rightarrow D,AE\rightarrow G,DE\rightarrow C,C\rightarrow B,BE\rightarrow D,AI\rightarrow J,AI\rightarrow K,J\rightarrow I\}$的闭包，设 $X^{(0)}=ACI$，计算 $X^{(1)}$，扫描 F_3 中的各个函数依赖，找到左部为 ACI 或 ACI 子集的函数依赖，找到 3 个函数依赖 $C\rightarrow B$、$AI\rightarrow J$、$AI\rightarrow K$，故有 $X^{(1)}=X^{(0)}\cup BJK=ACIBJK$；因为 $X^{(1)}\neq X^{(0)}$，继续计算 $X^{(2)}$，扫描 F_3 中的各个函数依赖，找到左部为 $ACIBJK$ 或 $ACIBJK$ 子集的函数依赖，找到一个函数依赖 $AB\rightarrow D$，故有 $X^{(2)}=X^{(1)}\cup D=ACIBJKD$；因为 $X^{(2)}\neq X^{(1)}$，继续计算 $X^{(3)}$，扫描 F_3 中的各个函数依赖，找到左部为 $ACIBJKD$ 或 $ACIBJKD$ 子集的函数依赖，没有找到相关的函数依赖，故有 $X^{(3)}=X^{(2)}$，算法终止；因此，$(ACI)^+=ABCDIJK$。

（3）对于给定的 $U=\{A,B,C,D,E,G,H,I,J,K\}$，$F=\{AB\rightarrow D,AE\rightarrow G,DE\rightarrow C,C\rightarrow B,BE\rightarrow D,AI\rightarrow J,AI\rightarrow K,J\rightarrow I\}$，可以发现，$B$、$C$、$D$、$I$ 是 LR 类属性，A、E 是 L 类属性，G、K 是 R 类属性，H 是 N 类属性，故 A、E、H 必在 R 的任意候选码中；计算属性 AEH 关于 F 的闭包$(AEH)^+$，$X^{(0)}=AEH$，$X^{(1)}=AEHG$，$X^{(2)}=AEHG$，所以$(AEH)^+=AEHG$，由于没有覆盖所有的属性，因此不是候选码。继续计算$(AEHB)^+$，$X^{(0)}AEHB$，$X^{(1)}=AEHBDG$，$X^{(2)}=AEHBDGC$，$X^{(3)}=AEHBDGC$，所以$(AEHB)^+=AEHBDGC$，由于没有覆盖所有的属性，因此不是候选码。继续计算$(AEHC)^+$，$X^{(0)}=AEHC$，$X^{(1)}=AEHCGB$，$X^{(2)}=AEHCGBD$，$X^{(3)}=AEHCGBD$，所以

$(AEHC)^+=AEHCGBD$，由于没有覆盖所有的属性，因此不是候选码。继续计算$(AEHD)^+$，$X^{(0)}=AEHD$，$X^{(1)}=AEHDCG$，$X^{(2)}=AEHDCGB$，$X^{(3)}=AEHDCGB$，所以$(AEHD)^+=AEHDCGB$；由于没有覆盖所有的属性，因此不是候选码。继续计算$(AEHBI)^+$，$X^{(0)}=AEHBI$，$X^{(1)}=AEHBIDGJK$，$X^{(2)}=AEHBIDGJKC$，$X^{(2)}=U$，所以 $AEHBI$ 是 R 的一个码；以此类推，可以计算出 R 的所有候选码为 $AEHBI$、$AEHCI$、$AEHDI$、$AEHBJ$、$AEHCI$、$AEHDJ$。

（4）主属性为 A、E、H、B、C、D、I、J，非主属性为 G、K，因此，根据 2NF 定义，不能存在非主属性对码的部分函数依赖，而 $AE\to G$ 违背了这个定义，因此最高到 1NF。

（5）分解原则是：最小化依赖关系并且其中包含一个完整的码，相同码的依赖合并。分解为 $R_1(ABDEHI)$、$R_2(AEG)$、$R_3(DECB)$、$R_4(AIJK)$、$R_5(JI)$。校验的过程如图 6-5 至图 6-9 所示。根据 $R_1(ABDEHI)$、$R_2(AEG)$、$R_3(DECB)$、$R_4(AIJK)$、$R_5(JI)$，得到初步的表格，如图 6-5 所示。

	A	B	C	D	E	G	H	I	J	K
R_1	a_1	a_2	b_{13}	a_4	a_5	b_{16}	a_7	a_8	b_{19}	b_{110}
R_2	a_1	b_{22}	b_{23}	b_{24}	a_5	a_6	b_{27}	b_{28}	b_{29}	b_{210}
R_3	b_{31}	a_2	a_3	a_4	a_5	b_{36}	b_{37}	b_{38}	b_{39}	b_{310}
R_4	a_1	b_{42}	b_{43}	b_{44}	b_{45}	b_{46}	b_{47}	a_8	a_9	a_{10}
R_5	b_{51}	b_{52}	b_{53}	b_{54}	b_{55}	b_{56}	b_{57}	a_8	a_9	b_{510}

图 6-5　算法执行过程的表格数据之一

取出函数依赖 $AB\to D$ 进行检验，表格数据没有变化。

取出函数依赖 $DE\to C$ 进行检验，表格数据有变化，结果如图 6-6 所示。

	A	B	C	D	E	G	H	I	J	K
R_1	a_1	a_2	a_3	a_4	a_5	b_{16}	a_7	a_8	b_{19}	b_{110}
R_2	a_1	b_{22}	b_{23}	b_{24}	a_5	a_6	b_{27}	b_{28}	b_{29}	b_{210}
R_3	b_{31}	a_2	a_3	a_4	a_5	b_{36}	b_{37}	b_{38}	b_{39}	b_{310}
R_4	a_1	b_{42}	b_{43}	b_{44}	b_{45}	b_{46}	b_{47}	a_8	a_9	a_{10}
R_5	b_{51}	b_{52}	b_{53}	b_{54}	b_{55}	b_{56}	b_{57}	a_8	a_9	b_{510}

图 6-6　算法执行过程的表格数据之二

分别取出函数依赖 $C\to B$ 和 $BE\to D$ 进行检验，表格数据没有变化。

取出函数依赖 $AI\to J$ 进行检验，表格数据有变化，结果如图 6-7 所示。

	A	B	C	D	E	G	H	I	J	K
R_1	a_1	a_2	a_3	a_4	a_5	b_{16}	a_7	a_8	a_9	b_{110}
R_2	a_1	b_{22}	b_{23}	b_{24}	a_5	a_6	b_{27}	b_{28}	b_{29}	b_{210}
R_3	b_{31}	a_2	a_3	a_4	a_5	b_{36}	b_{37}	b_{38}	b_{39}	b_{310}
R_4	a_1	b_{42}	b_{43}	b_{44}	b_{45}	b_{46}	b_{47}	a_8	a_9	a_{10}
R_5	b_{51}	b_{52}	b_{53}	b_{54}	b_{55}	b_{56}	b_{57}	a_8	a_9	b_{510}

图 6-7　算法执行过程的表格数据之三

取出函数依赖 $AI \to K$ 进行检验，表格数据有变化，结果如图 6-8 所示。

	A	B	C	D	E	G	H	I	J	K
R_1	a_1	a_2	a_3	a_4	a_5	b_{16}	a_7	a_8	a_9	a_{10}
R_2	a_1	b_{22}	b_{23}	b_{24}	a_5	a_6	b_{27}	b_{28}	b_{29}	b_{210}
R_3	b_{31}	a_2	a_3	a_4	a_5	b_{36}	b_{37}	b_{38}	b_{39}	b_{310}
R_4	a_1	b_{42}	b_{43}	b_{44}	b_{45}	b_{46}	b_{47}	a_8	a_9	a_{10}
R_5	b_{51}	b_{52}	b_{53}	b_{54}	b_{55}	b_{56}	b_{57}	a_8	a_9	b_{510}

图 6-8 算法执行过程的表格数据之四

取出函数依赖 $J \to I$ 进行检验，表格数据没有变化。

取出函数依赖 $AE \to G$ 进行检验，表格数据有变化，结果如图 6-9 所示。

	A	B	C	D	E	G	H	I	J	K
R_1	a_1	a_2	a_3	a_4	a_5	a_6	a_7	a_8	a_9	a_{10}
R_2	a_1	b_{22}	b_{23}	b_{24}	a_5	a_6	b_{27}	b_{28}	b_{29}	b_{210}
R_3	b_{31}	a_2	a_3	a_4	a_5	b_{36}	b_{37}	b_{38}	b_{39}	b_{310}
R_4	a_1	b_{42}	b_{43}	b_{44}	b_{45}	b_{46}	b_{47}	a_8	a_9	a_{10}
R_5	b_{51}	b_{52}	b_{53}	b_{54}	b_{55}	b_{56}	b_{57}	a_8	a_9	b_{510}

图 6-9 算法执行过程的表格数据之五

可以发现，R_1 行满足算法判定条件，因此，可以判定为无损连接分解。

（6）由 $R_1(ABDI)$、$R_2(ACEG)$、$R_3(DECB)$、$R_4(AEIJK)$，得到初始表格，如图 6-10 所示。

	A	B	C	D	E	G	H	I	J	K
R_1	a_1	a_2	b_{13}	a_4	b_{15}	b_{16}	b_{17}	a_8	b_{19}	b_{110}
R_2	a_1	b_{22}	a_3	b_{24}	a_5	a_6	b_{27}	b_{28}	b_{29}	b_{210}
R_3	b_{31}	a_2	a_3	a_4	a_5	b_{36}	b_{37}	b_{38}	b_{39}	b_{310}
R_4	a_1	b_{42}	b_{43}	b_{44}	a_5	b_{46}	b_{47}	a_8	a_9	a_{10}

图 6-10 算法执行过程的表格数据

分别取出各个函数依赖进行检验，得到最终的表格，如图 6-11 所示。

	A	B	C	D	E	G	H	I	J	K
R_1	a_1	a_2	b_{13}	a_4	b_{15}	b_{16}	b_{17}	a_8	a_9	a_{10}
R_2	a_1	a_2	a_3	a_4	a_5	a_6	b_{27}	b_{28}	b_{29}	b_{210}
R_3	b_{31}	a_2	a_3	a_4	a_5	b_{36}	b_{37}	b_{38}	b_{39}	b_{310}
R_4	a_1	b_{42}	b_{43}	b_{44}	a_5	a_6	b_{47}	a_8	a_9	a_{10}

图 6-11 算法执行的最终表格

可以发现，没有满足算法判定条件，所以，可以判定不是无损连接分解。

5. 参考答案

（1）$X^{(0)}=AE$，$X^{(1)}=AEBC$，$X^{(2)}=AEBCD$，$X^{(3)}=AEBCDG$，$X^{(3)}=U$，所以$(AE)^+=AEBCDG$。

（2）A、B、C、D、G 是 LR 类属性，E 是 R 类属性。

求闭包$(A)^+$：$X^{(0)}=A$，$X^{(1)}=ABC$，$X^{(2)}=ABCD$，$X^{(3)}=ABCDEG$，$X^{(3)}=U$，所以 A 是候选码。

求闭包$(D)^+$：$X^{(0)}=D$，$X^{(1)}=DEG$，$X^{(2)}=DEG$，$X^{(3)}=DEG$，$X^{(3)}=X^{(2)}$，所以 D 不是候选码。

求闭包$(BC)^+$：$X^{(0)}=BC$，$X^{(1)}=BCD$，$X^{(2)}=BCDEGA$，$X^{(3)}=ABCDEG$，$X^{(3)}=U$，所以 BC 是候选码。

求闭包$(CD)^+$：$X^{(0)}=CD$，$X^{(1)}=CDAEG$，$X^{(2)}=CDAEGB$，$X^{(3)}=ABCDEG$，$X^{(3)}=U$，所以 CD 是候选码。

求闭包$(CG)^+$：$X^{(0)}=CG$，$X^{(1)}=CGBD$，$X^{(2)}=CGBDAE$，$X^{(3)}=ABCDEG$，$X^{(3)}=U$，所以 CG 是候选码。

所以 R 的所有候选码为 A、BC、CD、CG。

（3）最小覆盖指的是一个等价的函数依赖集，其中每个依赖的右部只有一个属性，并且没有冗余的依赖或属性。给定函数依赖集 $F=\{A\to BC,BC\to D,ACD\to E,D\to EG,CD\to A,CG\to BD\}$，按以下步骤进行求解。

步骤 1：将每个依赖的右部拆成单个属性，形成的函数依赖为 $A\to B$、$A\to C$、$BC\to D$、$ACD\to E$、$D\to E$、$D\to G$、$CD\to A$、$CG\to B$、$CG\to D$。

步骤 2：消除冗余的函数依赖，得到简化的函数依赖。以去掉 $ACD\to E$ 为例，计算$\{ACD\}$关于 $F_1=\{A\to B,A\to C,BC\to D,D\to E,D\to G,CD\to A,CG\to B,CG\to D\}$ 的闭包，$X^{(0)}=ACD$，$X^{(1)}=ACDBEG$，$X^{(1)}=U$，$(ACD)^+=ACDBEG$，包含 E，故 $ACD\to E$ 是冗余的函数依赖，可以去掉。以此类推，得到简化的函数依赖 $A\to B$、$A\to C$、$BC\to D$、$D\to E$、$D\to G$、$CD\to A$、$CG\to D$。

步骤 3：消除冗余的左部属性来简化函数依赖。对于每个函数依赖 $X\to Y$ 中的左部 X，对于每个属性 A 属于 X，检查$(X-A)\to Y$是否仍然在 F 的闭包中成立，如果成立，则可以删除 A；计算$(X-A)$的闭包，看看是否包含 Y 中的所有属性，如果$(X-A)$的闭包包含 Y，则 A 是冗余的，可以删除；否则，A 不能删除。以 $BC\to D$ 为例，计算$(B)^+$，$X^{(0)}=B$，$X^{(1)}=B$，所以$(B)^+$不等于 U，属性 C 无法删除；计算$(C)^+$，$X^{(0)}=C$，$X^{(1)}=C$，所以$(C)^+$不等于 U，属性 B 无法删除，则属性 BC 都不是冗余的。以此类推，通过简化，得到最终的最小覆盖 $F_m=\{A\to B,A\to C,BC\to D,D\to E,D\to G,CD\to A,CG\to D\}$。

（4）因为 CD 是候选码，E 是 R 类属性，所以有 $CD\to E$。同时，$D\to E$，显然存在非主属性对码的部分函数依赖，因此 $R\in 1NF$。

（5）由于 R 的最小覆盖 $F_m=\{A\to B,A\to C,BC\to D,D\to E,D\to G,CD\to A,CG\to D\}$，按左部相等的原则对属性进行分组，得到分解 $\rho=\{ABC,BCD,DEG,CDA,CGD\}$。为了求函数依赖集 F 在 ABC 上的投影，这里需要找出所有左部（即箭头左边的部分）包含 A、B 或 C 的函数依赖，并且只保留那些右部（即箭头右边的部分）也仅包含 ABC 或其子集的函数依赖，即$\prod_{ABC}(F)=\{A\to B,A\to C\}$，以此类推，可以得到：$\prod_{BCD}(F)=\{BC\to D\}$，$\prod_{DEG}(F)=\{D\to E,D\to G\}$，$\prod_{CDA}(F)=\{CD\to A\}$，$\prod_{CGD}(F)=\{D\to G,CG\to D\}$。$\prod_{ABC}(F)\cup\prod_{BCD}(F)\cup\prod_{DEG}(F)\cup\prod_{CDA}(F)\cup\prod_{CGD}(F)=\{A\to B,A\to C,BC\to D,D\to E,D\to G,CD\to A,CG\to D\}$等价于 F，因此该分解保持函数依赖。

下面验证分解具有无损连接性，具体过程如图 6-12 和图 6-13 所示。图 6-12 是初始表格数据。

	A	B	C	D	E	G
R_1	a_1	a_2	a_3	b_{14}	b_{15}	b_{16}
R_2	b_{21}	a_2	a_3	a_4	b_{25}	b_{26}
R_3	b_{31}	b_{32}	b_{33}	a_4	a_5	a_6
R_4	a_1	b_{42}	a_3	a_4	b_{45}	b_{46}
R_5	b_{51}	b_{52}	a_3	a_4	b_{55}	a_6

图 6-12　算法执行过程的表格数据

分别取出各个函数依赖进行检验，得到最终的表格，如图 6-13 所示。

	A	B	C	D	E	G
R_1	a_1	a_2	a_3	a_4	a_5	a_6
R_2	b_{21}	a_2	a_3	a_4	a_5	a_6
R_3	b_{31}	b_{32}	b_{33}	a_4	a_5	a_6
R_4	a_1	a_2	a_3	a_4	a_5	a_6
R_5	b_{51}	b_{52}	a_3	a_4	a_5	a_6

图 6-13　算法执行的最终表格

可以发现，R_1 行满足算法判定条件，因此，可以判定为无损连接分解。

6. 参考答案

（1）由商品编号唯一确定商品名称和商品价格可得：Cno→(Cname,Cprice)。

由商店编号唯一确定商店名称和商店地址可得：Sno→(Sname,Sadd)。

由部门编号唯一确定部门名称和部门经理可得：Dno→(Dname,Dmanager)。

由商品销量为部门销售商品的数量可得：(Cno,Dno)→Csales。

由商品库存量为商店存储商品的数量可得：(Cno,Sno)→Camount。

所以 F={Cno→(Cname,Cprice),Sno→(Sname,Sadd),Dno→(Dname,Dmanager),(Cno，Dno)→Csales,(Cno,Sno)→Camount}。

（2）计算(Cno,Dno)$^+$：$X^{(0)}$=(Cno,Dno)，$X^{(1)}$=(Cno,Dno,Cname,Cprice,Dname,Dmanager,Csales)，$X^{(2)}$=(Cno,Dno,Cname,Cprice,Dname,Dmanager,Csales)，$X^{(2)}=X^{(1)}$，所以(Cno,Dno)$^+$=(Cno,Dno,Cname,Cprice,Dname,Dmanager,Csales)。

计算(Dname)$^+$：$X^{(0)}$=(Dname)，$X^{(1)}$=(Dname)，$X^{(0)}=X^{(1)}$，所以(Dname)$^+$=(Dname)。

（3）计算(Cno,Sno,Dno)$^+$，$X^{(0)}$=(Cno,Sno,Dno)，$X^{(1)}$=(Cno,Sno,Dno,Cname,Cprice,Sname,Sadd,Dname,Dmanager,Csales,Camount)，$X^{(1)}=U$，所以候选码为(Cno,Sno,Dno)。

（4）最高为 1NF，因为存在非主属性对码的部分函数依赖，如 Cno→Cname。

（5）将 Commodity 分解为 3NF，根据左部相等原则对属性进行分组，得到 ρ={(Cno,Cname,Cprice),(Sno,Sname,Sadd),(Dno,Dname,Dmanager),

(Cno,Dno,Csales),(Cno,Sno,Camount)}，由于 ρ 不包含候选码，所以 $\rho=\rho\cup$(Cno,Sno,Dno)={(Cno,Cname,Cprice),(Sno,Sname,Sadd),(Dno,Dname,Dmanager),(Cno,Dno,Csales),(Cno,Sno,Camount),(Cno,Sno,Dno)}，要证明给定的分解保持函数依赖，需要确保每个函数依赖在投影后的模式上仍然成立。$\prod_{(Cno,Cname,Cprice)}(F)$={Cno→(Cname,Cprice)}，$\prod_{(Sno,Sname,Sadd)}(F)$={Sno→(Sname,Sadd)}，$\prod_{(Dno,Dname,Dmanager)}(F)$={Dno→(Dname,Dmanager)}，$\prod_{(Cno,Dno,Csales)}(F)$=

{(Cno,Dno)→Csales}，$\prod_{(Cno,Sno,Camount)}(F)$={(Cno,Sno)→Camount}，所以$\prod_{Sno,Sname,Sadd}(F) \cup \prod_{(Cno,Cname,Cprice)}(F) \cup \prod_{(Dno,Dname,Dmanager)}(F) \cup \prod_{(Cno,Dno,Csales)}(F) \cup \prod_{(Cno,Sno,Camount)}(F)$={Cno→(Cname,Cprice),Sno→(Sname，Sadd)，Dno→(Dname，Dmanager),(Cno,Dno)→Csales,(Cno,Sno)→Camount } 等价于 F，因此该分解保持函数依赖。

下面来验证分解具有无损连接性，具体过程如图 6-14 和图 6-15 所示。图 6-14 是初始表格数据。

	Cno	Sno	Dno	Cname	Cprice	Sname	Sadd	Dname	Dmanager	Csales	Camount
R_1	a_1	b_{12}	b_{13}	a_4	a_5	b_{16}	b_{17}	b_{18}	b_{19}	b_{110}	b_{111}
R_2	b_{21}	a_2	b_{23}	b_{24}	b_{25}	a_6	a_7	b_{28}	b_{29}	b_{210}	b_{211}
R_3	b_{31}	b_{32}	a_3	a_4	b_{35}	b_{36}	b_{37}	a_8	a_9	b_{310}	b_{311}
R_4	a_1	b_{42}	a_3	b_{44}	b_{45}	b_{46}	b_{47}	b_{48}	b_{49}	a_{10}	b_{411}
R_5	a_1	a_2	b_{53}	b_{54}	b_{55}	b_{56}	b_{57}	b_{58}	b_{59}	b_{510}	a_{11}
R_6	a_1	a_2	a_3	b_{64}	b_{65}	b_{66}	b_{67}	b_{68}	b_{69}	b_{610}	a_{11}

图 6-14　算法执行过程的表格数据

分别取各个函数依赖进行检验，得到最终的表格，如图 6-15 所示。

	Cno	Sno	Dno	Cname	Cprice	Sname	Sadd	Dname	Dmanager	Csales	Camount
R_1	a_1	b_{12}	b_{13}	a_4	a_5	a_6	a_7	a_8	a_9	a_{10}	a_{11}
R_2	b_{21}	a_2	b_{23}	a_4	a_5	a_6	a_7	a_8	a_9	a_{10}	a_{11}
R_3	b_{31}	b_{32}	a_3	a_4	a_5	a_6	a_7	a_8	a_9	a_{10}	a_{11}
R_4	a_1	b_{42}	a_3	a_4	a_5	a_6	a_7	a_8	a_9	a_{10}	a_{11}
R_5	a_1	a_2	b_{53}	a_4	a_5	a_6	a_7	a_8	a_9	a_{10}	a_{11}
R_6	a_1	a_2	a_3	a_4	a_5	a_6	a_7	a_8	a_9	a_{10}	a_{11}

图 6-15　算法执行的最终表格

可以发现，R_6行满足算法判定条件，因此，可以判定为无损连接分解。

6.4　本章小结

关系数据库的规范化理论研究的是关系模式中各属性之间的依赖关系及其对关系模式性能的影响，提供判断关系模式优劣的理论标准。本章通过多样化的题型（如选择题、判断题、填空题、简答题、证明题和应用题）帮助读者深入了解关系模式中可能存在的冗余和异常问题，掌握函数依赖和范式的关键理论。同时，通过模式分解的关键算法，可以得到优化的关系模式，从而保证分解后的关系模式是无损连接且保持函数依赖。

第 7 章
关系数据库设计

《数据库系统原理（微课版）》第 7 章“关系数据库设计”按设计的先后顺序，全面探讨了数据库设计的 6 个主要阶段，即需求分析、概念结构设计、逻辑结构设计、物理结构设计、数据库实施以及数据库运行和维护，旨在帮助读者全面理解并掌握关系数据库设计的核心理论与实践技能。

7.1 基本知识点

《数据库系统原理（微课版）》第 7 章的学习重点在于数据库设计的相关步骤与具体方法。需要掌握和了解的具体知识点如下。

- 需求分析是整个设计最困难、最耗时的阶段，要求了解系统调研过程与常用的需求分析方法。
- 概念结构设计是本章学习的重点和难点，在了解 4 种概念结构设计方法之后，需掌握实体、属性、码等基本概念，能准确确定实体型之间的联系，并用正确的 E-R 图表示，进一步地，对 E-R 图进行集成与优化。
- 逻辑结构设计是在概念结构设计的基础上，将其等价转换为特定 DBMS 的关系模型。转换涉及实体和实体联系的转换，这也是本章学习的一个重点与难点。
- 了解物理结构设计中数据分布和数据存储结构的确定以及常用的数据访问方式，了解数据库实施阶段建立数据库结构、载入数据、编程与调试等步骤，了解数据库运行期间常见的维护工作。

7.2 习题

7.2.1 单选题

1. 数据流图在数据库设计的哪个阶段完成？（　　）

   A. 需求分析　　B. 概念结构设计　　C. 逻辑结构设计　　D. 物理结构设计

2. 用 E-R 图来描述信息结构是数据库设计的哪个阶段？（　　）

A. 需求分析　B. 概念结构设计　C. 逻辑结构设计　D. 物理结构设计

3. 在关系数据库设计中，设计关系模式是数据库设计哪个阶段的任务？（　　）

A. 需求分析　B. 概念结构设计　C. 逻辑结构设计　D. 物理结构设计

4. E-R 图中属性用什么图形来表示？（　　）

A. 矩形　B. 椭圆形　C. 四边形　D. 菱形

5. 把 E-R 图的 m：n 联系转换为关系模式时，对应关系模式的码是什么？（　　）

A. m 端实体的码　B. n 端实体的码

C. m 端实体码与 n 端实体码的组合　D. 其他属性

6. 下列哪项工作属于数据库物理结构设计阶段？（　　）

A. 生成关系模式　B. 完成数据流图

C. 确定数据访问方式　D. 调查项目背景

7. 以下哪项不属于数据库运行和维护阶段的工作？（　　）

A. 确定数据存储结构　B. 数据库安全性和完整性控制

C. 数据库重组与重构　D. 数据库备份与恢复

8. 实体间的 1:n 联系转换成关系模型时，以下哪个说法是错误的？（　　）

A. 将联系转换为一个独立关系模式　B. 在 1 端实体中添加新属性

C. 在 n 端实体中添加新属性　D. 利用已有实体时，原关系码不用变

7.2.2　多选题

1. 以下活动中，属于需求分析阶段的有哪些？（　　）

A. 分析用户活动　B. 建立数据流图

C. 了解项目背景　D. 建立 E-R 图

2. 下列哪些选项属于数据库实施阶段的工作？（　　）

A. 建立数据库结构　B. 加载数据

C. 编程与调试　D. 扩充功能

3. 子系统 E-R 图合并成全局 E-R 图的过程中可能出现冲突，冲突类型主要有哪些？（　　）

A. 语法冲突　B. 属性冲突　C. 结构冲突　D. 命名冲突

4. 实体型之间的联系可能建立在怎样的实体型关系上？（　　）

A. 两个实体型之间　B. 两个以上实体型之间

C. 单个实体型之内　D. 零个实体之内

5. 实体型之间的联系有哪些类型？（　　）

A. 一对一联系　B. 一对多联系　C. 多对多联系　D. 零对一联系

6. 下列哪些选项属于数据库物理结构设计阶段的工作？（　　）

A. 确定数据分布　B. 集成 E-R 图

C. 确定数据模型　D. 确定数据存储结构

7. 下列哪些选项是数据库逻辑结构设计阶段应该考虑的？（　　）

A. 优化关系模式　B. 建立数据库结构

C. 生成 E-R 图　D. 分析 DBMS 特性

7.2.3 判断题

1. 数据库正式投入运行标志着数据库运行和维护工作的开始。(　　)
2. 关系数据库设计的 6 个阶段中，核心阶段是概念结构设计。(　　)
3. 关系数据库设计的 6 个阶段中，最困难、最耗时的是需求分析阶段。(　　)
4. 需求分析的方法主要是自顶向下的结构化分析方法，E-R 图是该阶段常用的辅助手段。(　　)
5. 先定义最重要的核心概念结构，再向外扩充，直至得到全局概念结构，这种设计方法称为混合策略。(　　)
6. 常用的需求分析和概念结构设计的策略是：自顶向下进行需求分析，自底向上设计概念结构。(　　)
7. 数据库实施阶段需要载入数据，此时，不需要考虑数据的完整性和有效性。(　　)
8. 需求分析阶段可以采用自顶向下的结构化分析方法。(　　)

7.2.4 填空题

1. 把 E-R 图转换为关系模式时，联系也必须同时进行转换。转换两个实体型之间的 $m:n$ 联系，需要引入________。
2. 在 E-R 图中，菱形框表示________。
3. E-R 图一般应用在数据库设计的_____阶段。
4. 概念结构设计的基本概念中，客观存在并可区分的事物称为________，其具有的某个特性称为________。
5. 数据库设计的 6 个步骤是________、________、________、________、________、________。
6. 索引设计属于数据库设计中________阶段的工作。
7. 在概念模型的基本概念中，码是唯一标识实体的________，用实体名及其属性名的集合来抽象和刻画的同类实体称为________。
8. 存储和检索各类数据描述（即元数据）的文档称为________。

7.2.5 简答题

1. 概念结构设计在整个数据库设计中处于哪个阶段？概念模型应具备哪些特点？
2. 试述基于 E-R 图的数据库概念结构设计的具体过程。
3. 简述数据库的主要维护工作。
4. 简述两个实体型之间的 3 种联系。

7.2.6 应用题

1. 某医院药品管理系统需求分析阶段获得以下信息。

医生看病开出处方，医生可以开出若干处方，每个处方只能由一个医生开具（需要记录开具时间）；一个处方对应一名患者，一名患者可以有多个处方；一个处方可以包含多种药品，而一种药品可以出现在多个处方中（需要记录处方中各药品的用药剂量）。

实体“医生”的属性包括医生编号、姓名、科室、职称、电话。

实体“患者”的属性包括患者编号、姓名、出生日期、性别。

实体“处方”的属性包括处方编号、处方类型。

实体“药品”的属性包括药品编号、名称、生产商、单价、库存数量。

请根据上述描述完成如下任务。

（1）根据上述内容画出该医院药品管理系统的 E-R 图，并注明属性和联系类型。

（2）将 E-R 图转换成关系模式，并注明主码和外码（下画线表示主码，阴影表示外码，下同）。

2. 某旅行社管理系统包含旅游线路、客户、旅游团、导游等实体；该旅行社有多条旅行线路，客户报名，在导游带领下组成旅行团选择某旅行线路游览。其中，一个客户可以报名参加多个旅游团，一个旅游团可以包含多个客户；一个旅游团只能选择一条旅游线路，一条旅游线路可以被多个旅游团选择；一个旅游团只能有一个导游，而一个导游可以带不同的旅游团。

实体“旅游线路”的属性包括线路名称、目的地、天数、简介。

实体“客户”的属性包括客户证件号、姓名、性别、电话。

实体“旅游团”的属性包括旅游团编号、出发日期、结束日期、人数。

实体“导游”的属性包括导游证号、姓名、电话。

请根据上述描述完成如下任务。

（1）画出该旅行社管理系统的 E-R 图，并注明属性和联系类型。

（2）将该 E-R 图转换为关系模式，并注明主码和外码。

3. 某航空票务系统需求分析阶段获得以下实体信息。

实体“航空公司”的属性包括航空公司名称、总部地址、热线电话、公司网站。

实体“航班”的属性包括航班号、起飞机场、到达机场、起飞时间、飞行时长、飞机型号。

实体“机票”的属性包括机票编号、座位号、舱位等级、票价。

实体“乘客”的属性包括乘客证件号、姓名、性别、出生日期、电话。

它们存在这样的关系一个航空公司可以运营多个航班，而一个航班只属于一个航空公司；一个航班可以售出多张机票，而一张机票只对应一个航班，售出时需要记录该机票对应航班的执飞日期；每张机票对应一个乘客，而一个乘客可以购买多张机票。

请根据上述描述完成如下任务。

（1）画出该航空票务系统的 E-R 图，并注明属性和联系类型。

（2）将该 E-R 图转换为关系模式，并注明主码和外码。

4. 某公司在培养实习生时通过需求分析得到如下信息。

公司有若干个部门，每个部门有若干名员工和实习生，每名员工和实习生只能从属于一个部门；每名员工可以负责若干门培训课程，每门培训课程只能由一名员工负责；每名员工可以参与多个项目，一个项目可以由多名员工参与；每名实习生可以同时参加多门培训课程，一门培训课程也可以由多名实习生参加（需要记录实习生参加培训课程的开始时间、课程成绩）。

实体“部门”的属性包括部门编号、部门名称、部门主任。

实体“实习生”的属性包括实习生编号、实习生姓名、实习班号。

实体“培训课程”的属性包括课程编号、课程名、课程学分。

实体“员工”的属性包括员工编号、员工姓名、职务。

实体“项目”的属性包括项目编号、名称、负责人。

请根据上述描述完成如下任务。

（1）根据上述描述画出 E-R 图，并注明属性和联系类型。

（2）将 E-R 图转换成关系模式，并注明主码和外码。

7.3 习题答案与解析

7.3.1 单选题答案与解析

1. 答案：A

解析：在需求分析阶段，数据流图是常用的辅助手段，它是对业务流程及业务与数据联系分析结果的表示。

2. 答案：B

解析：E-R 图用于数据库的概念结构设计。

3. 答案：C

解析：逻辑结构设计阶段的任务是将概念结构转换为所选用的 DBMS 支持的数据模型，关系模式是 DBMS 支持的一种数据模型。

4. 答案：B

5. 答案：C

6. 答案：C

解析：生成关系模式是逻辑结构设计阶段的工作，调查项目背景和完成数据流图是需求分析阶段的工作，确定数据访问方式是物理结构设计阶段的工作。

7. 答案：A

解析：确定数据存储结构属于物理结构设计阶段的工作，其他都是数据库运行和维护阶段的工作。

8. 答案：B

7.3.2 多选题答案与解析

1. 答案：A、B、C

解析：分析用户活动、建立数据流图、了解项目背景是需求分析阶段的工作，建立 E-R 图是概念结构设计阶段的工作。

2. 答案：A、B、C

解析：数据库实施阶段的主要工作是建立数据库结构、加载数据，以及编程与调试。

3. 答案：B、C、D

解析：子系统的 E-R 图合并成全局 E-R 图时，可能产生属性冲突、结构冲突、命名冲突，不会出现语法冲突。

4. 答案：A、B、C

5. 答案：A、B、C

6. 答案：A、D

解析：确定数据分布与数据存储结构是物理结构设计阶段的工作，集成 E-R 图是概念结构设计阶段的工作，确定数据模型是逻辑结构设计阶段的工作。

7. 答案：A、D

解析：优化关系模式、分析 DBMS 特性都是逻辑结构设计阶段应该考虑的，建立数据库结构是数据库实施阶段的工作，生成 E-R 图是概念结构设计阶段的工作。

7.3.3 判断题答案与解析

1. 答案：(√)

2. 答案：(×)

解析：核心阶段是逻辑结构设计。

3. 答案：(√)

4. 答案：(×)

解析：需求分析的方法主要是自顶向下的结构化分析方法，数据流图是该阶段常用的辅助手段，E-R 图应用于概念结构设计阶段。

5. 答案：(×)

解析：这种设计方法称为逐步扩张。

6. 答案：(√)

7. 答案：(×)

解析：数据库实施阶段载入数据时，旧数据往往不符合新系统要求，需要对格式进行统一，保证数据的完整性和有效性。

8. 答案：(√)

7.3.4 填空题答案

1. 第三个交叉关系
2. 联系
3. 概念结构设计
4. 实体，属性
5. 需求分析，概念结构设计，逻辑结构设计，物理结构设计，数据库实施，数据库运行和维护
6. 物理结构设计
7. 属性集，实体型
8. 数字字典

7.3.5 简答题参考答案

1. 参考答案

在数据库设计的 6 个阶段中，概念结构设计处于第二个阶段，它是把第一个阶段获取的用户需求抽象为信息结构（即概念结构）的过程，是现实世界到机器世界的中间层次。

概念模型应具备 4 个特点：真实充分反映现实世界、易于理解、易于更改、易于转换为各个数据模型。

2. 参考答案

采用 E-R 图进行数据库概念结构设计主要包含以下 3 个步骤。

（1）设计局部 E-R 图：根据需求分析的结果，为每个业务模块或功能区域设计局部 E-R 图，识别每个模块中的实体、属性和实体之间的关系，并为每个实体定义主码与必要的外码。

（2）集成为全局 E-R 图：将各个局部 E-R 图进行合并，形成一个全局 E-R 图，在合并过程中需解决可能存在的冲突，可能需要添加一些新的实体和关系来反映全局的业务逻辑和数据结构。

（3）优化全局 E-R 图：消除不必要的冗余并对关系进行规范化处理，以提高数据库的性能和可维护性。

3. 参考答案

数据库进入运行和维护阶段后，面临的是长期的数据库维护，主要的维护工作如下。

（1）定期的数据库备份工作和有效恢复工作。

（2）系统管理员对数据库系统安全性和完整性的有效管理控制。

（3）数据库性能的监督、分析和优化，有助于发现问题并及时解决问题。

（4）数据库的重组和重构。必要的数据库重组将提高数据库性能，数据库重构可以满足数据库应用环境变化的需要。

4. 参考答案

两个实体型之间有一对一联系（1∶1）、一对多联系（1∶n）和多对多联系（m∶n）。

如果对于实体集 A 中的每个实体，实体集 B 中至多有一个实体与之联系，同样地，对于实体集 B 中的每个实体，实体集 A 中至多有一个实体与之联系，则实体集 A 与实体集 B 之间是一对一联系（记为 1∶1）。

如果对于实体集 A 中的每个实体，实体集 B 中有 n（$n \geqslant 0$）个实体与之联系，对于实体集 B 中的每个实体，实体集 A 中至多有一个实体与之联系，则实体集 A 与实体集 B 之间是一对多联系（记为 1∶n）。

如果对于实体集 A 中的每个实体，实体集 B 中有 n（$n \geqslant 0$）个实体与之联系，同样地，对于实体集 B 中的每个实体，实体集 A 中有 m（$m \geqslant 0$）个实体与之联系，则实体集 A 与实体集 B 之间是多对多联系（记为 m∶n）。

7.3.6 应用题参考答案

1. 参考答案

（1）医院药品管理系统的 E-R 图如图 7-1 所示。

（2）E-R 图转换成的关系模式如下。

医生(<u>医生编号</u>,姓名,科室,职称,电话)

患者(<u>患者编号</u>,姓名,出生日期,性别)

处方(<u>处方编号</u>,处方类型,医生编号,患者编号,开具时间)

药品(<u>药品编号</u>,名称,生产商,单价,库存数量)

用药(<u>处方编号</u>,<u>药品编号</u>,用药剂量)

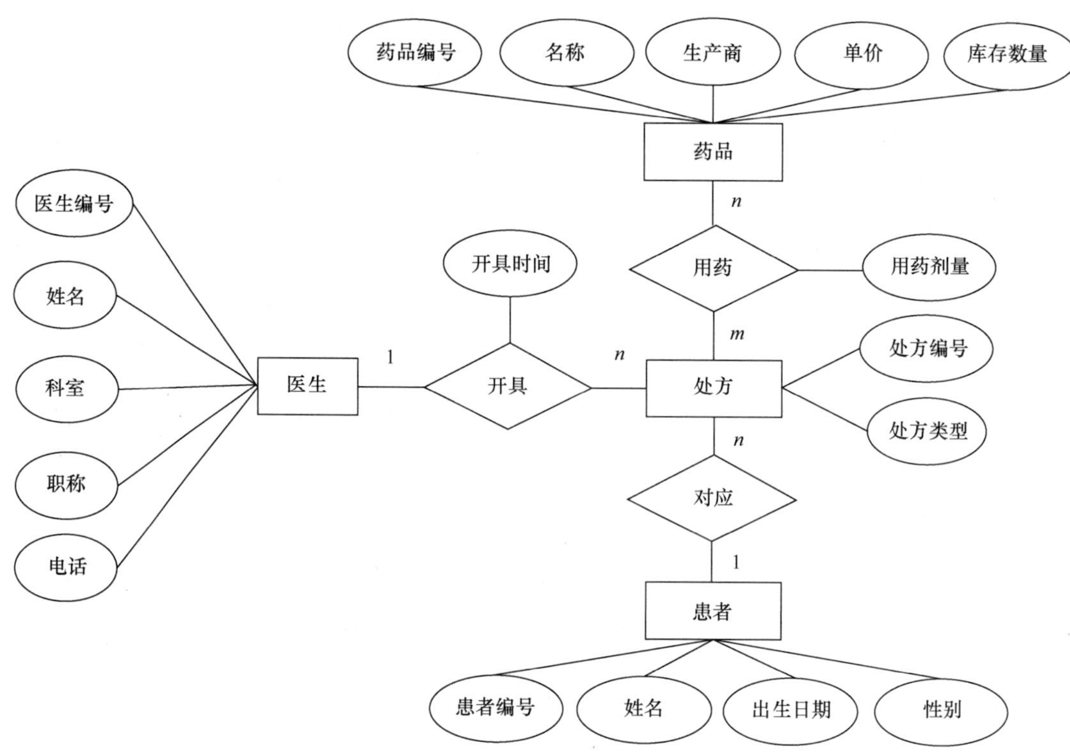

图 7-1　医院药品管理系统的 E-R 图

2. 参考答案

（1）旅行社管理系统的 E-R 图如图 7-2 所示。

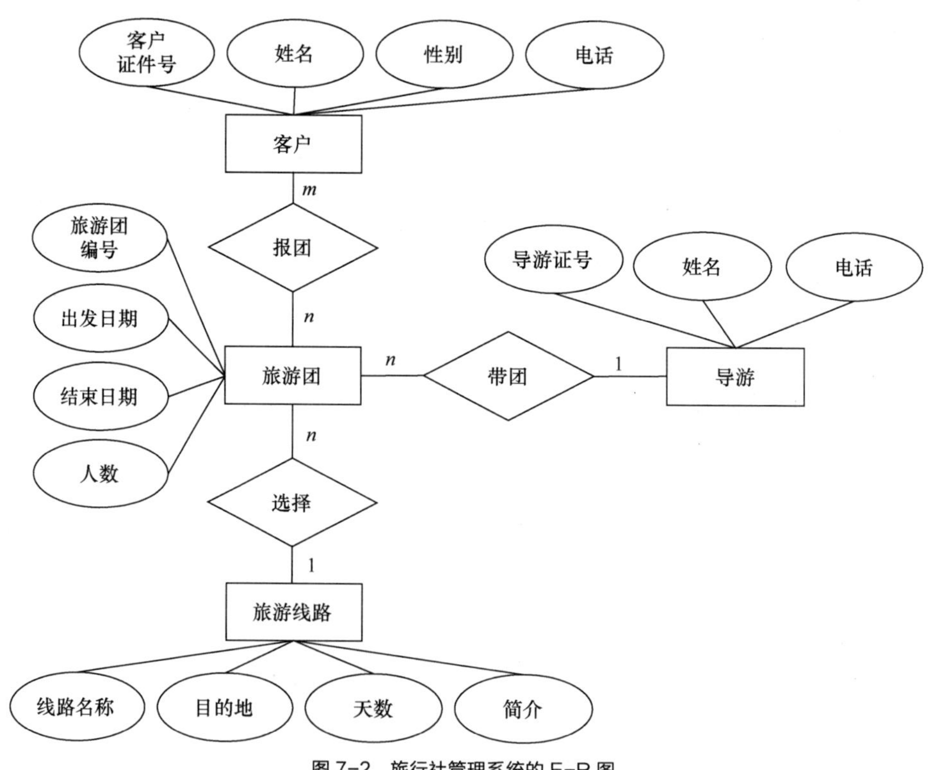

图 7-2　旅行社管理系统的 E-R 图

（2）E-R 图转换成的关系模式如下。

旅游线路(线路名称,目的地,天数,简介)

客户(客户证件号,姓名,性别,电话)

旅游团(旅游团编号,出发日期,结束日期,人数,线路名称,导游证号)

导游(导游证号,姓名,电话)

报团(旅游团编号,客户证件号)

3．参考答案

（1）航空票务系统的 E-R 图如图 7-3 所示。

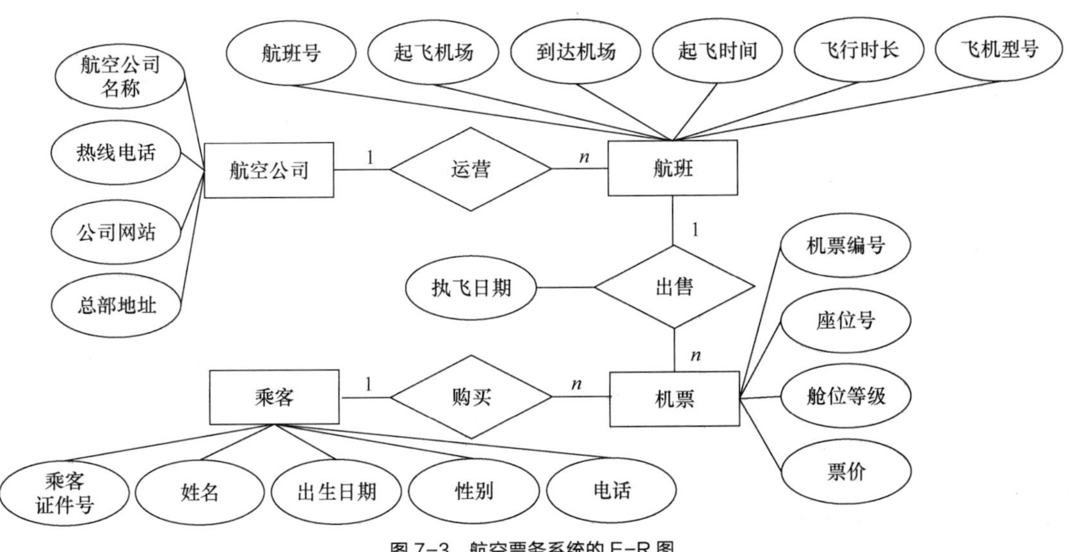

图 7-3 航空票务系统的 E-R 图

（2）E-R 图转换成的关系模式如下。

航空公司(航空公司名称,总部地址,热线电话,公司网站)

航班(航班号,起飞机场,到达机场,起飞时间,飞行时长,飞机型号,航空公司名称)

机票(机票编号, 座位号, 舱位等级, 票价,航班号,乘客证件号,执飞日期)

乘客(乘客证件号,姓名,性别,出生日期,电话)

4．参考答案

（1）实习生培养管理系统的 E-R 图如图 7-4 所示。

（2）E-R 图转换成的关系模式如下。

部门(部门编号,部门名称,部门主任)

实习生(实习生编号,实习生姓名,实习班号)

培训课程(课程编号,课程名,课程学分,员工编号)

员工(员工编号,员工姓名,职务)

项目(项目编号,名称,负责人)

管理(部门编号,员工编号,实习生编号)

参与项目(项目编号,员工编号)

参加(实习生编号,课程编号,课程成绩,开始时间)

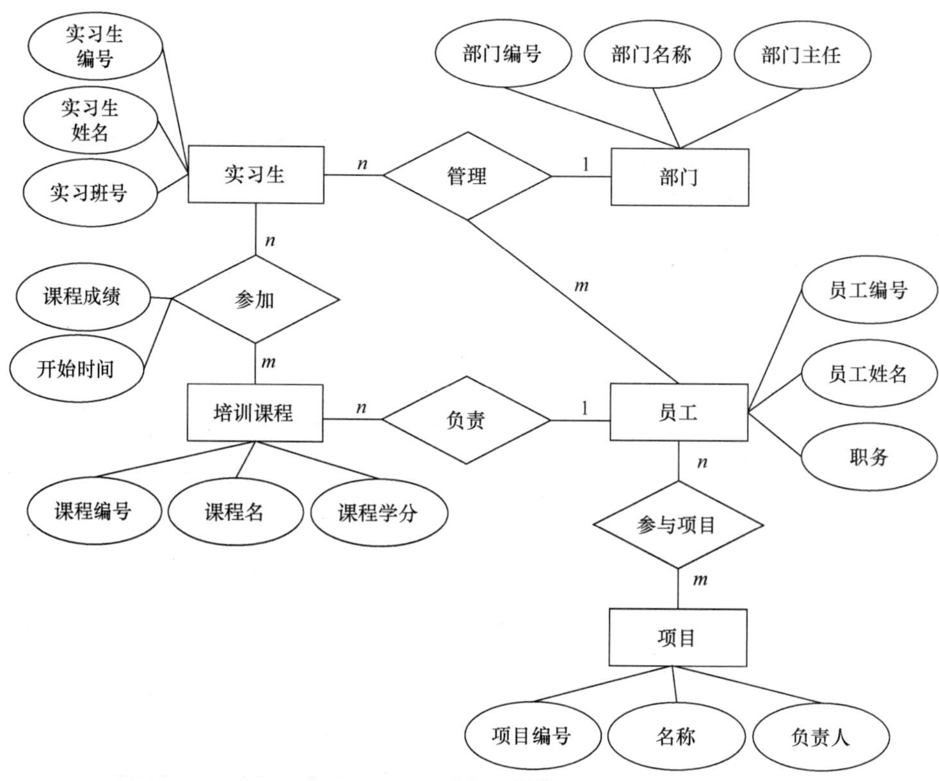

图 7-4　实习生培养管理系统的 E-R 图

7.4　本章小结

本章针对数据库设计的 6 个阶段涉及的内容，设计了选择题、判断题、填空题、简答题等常规题型，对相关知识加以考核；又通过应用题中的多个案例强化读者对概念结构设计和逻辑结构设计的理解，这也是本章的难点和重点。

第 8 章
NoSQL 数据库

在当代信息技术飞速发展的背景下，人们对数据的规模、多样性和处理速度的要求不断提高，传统的关系数据库面临着种种挑战。这些挑战促使了 NoSQL 数据库技术的诞生与发展，它以独特的优势，解决了大数据时代下的多项数据存储和处理问题。《数据库系统原理（微课版）》第 8 章“NoSQL 数据库”介绍了 NoSQL 数据库的核心概念、四大类型和三大基石。

8.1 基本知识点

《数据库系统原理（微课版）》第 8 章的重点在于掌握 NoSQL 数据库的基本概念和相关知识。需要了解和掌握的具体知识点如下。

- 理解 NoSQL 数据库的基本概念及其与传统关系数据库的区别，了解 NoSQL 数据库为何在处理大数据和高并发的场景下具有重要价值。
- 掌握 NoSQL 数据库的 4 种主要类型，即键值数据库、列族数据库、文档数据库和图数据库；了解每种类型的特点、优劣势以及适用场景。
- 了解 NoSQL 数据库在分布式架构中的角色和优势，包括高可用性、高水平扩展性和灵活的数据模型。
- 了解 NoSQL 数据库技术发展过程中的不同阶段，包括 NoSQL 数据库的发展背景及其在互联网、大数据和云计算等领域的应用场景。
- 通过比较 NoSQL 数据库和关系数据库，体会 NoSQL 数据库在处理大规模非结构化数据方面的优势和局限性，了解 NoSQL 数据库技术出现和发展的必然性。
- 了解 NoSQL 数据库的基础知识和实际应用场景，为后续的深入学习和应用奠定扎实的理论基础。

8.2 习题

8.2.1 单选题

1. 下列哪个数据库是文档数据库？（　　）

   A. MongoDB　　B. Redis　　C. Cassandra　　D. Neo4j

2. 键值数据库的特点是什么？（　　）

   A. 数据以键值对的形式存储　　B. 数据以列族的形式存储

   C. 数据以文档的形式存储　　D. 数据以图的形式存储

3. 下列哪个是列族数据库？（　　）

   A. MongoDB　　B. Redis　　C. Cassandra　　D. Neo4j

4. 在 NoSQL 数据库中，为了提高性能和可用性，一些数据库采用了哪种一致性？（　　）

   A. 强一致性　　B. 最终一致性　　C. 两端一致性　　D. 增强一致性

8.2.2 多选题

1. NoSQL 数据库通常适用于哪些场景？（　　）

   A. 大规模数据存储　　B. 高并发读写

   C. 复杂事务处理　　D. 实时数据分析

2. 以下哪些 NoSQL 数据库采用键值存储模型？（　　）

   A. Redis　　B. MongoDB

   C. Neo4j　　D. Amazon DynamoDB

3. NoSQL 数据库的哪些能力使其特别适合处理大数据应用？（　　）

   A. 复杂的 SQL 查询　　B. 水平扩展

   C. 多数据中心部署　　D. 灵活的数据结构

4. 关于 NoSQL 数据库，以下哪些说法是正确的？（　　）

   A. NoSQL 数据库不支持任何形式的查询语言

   B. NoSQL 数据库设计主要考虑大规模数据的快速存储和访问

   C. NoSQL 数据库通常不适用于需要复杂事务管理的应用

   D. NoSQL 数据库可以非常有效地处理非结构化或半结构化数据

8.2.3 判断题

1. NoSQL 数据库是为了替代关系数据库而设计的。（　　）
2. 键值数据库适用于处理高复杂性的查询。（　　）
3. 列族数据库可以有效地支持大规模的数据仓库应用。（　　）
4. 文档数据库允许嵌套文档和数组，使得数据结构更加灵活。（　　）
5. NoSQL 数据库大都不支持 ACID 事务特性。（　　）
6. 图数据库优化了关系遍历操作，适合进行社交网络分析。（　　）

7. NoSQL 数据库不适合进行数据分析和数据挖掘。(   )
8. 水平扩展是指通过提升单个节点的硬件性能来提高数据库的整体性能。(   )
9. NoSQL 数据库通常比关系数据库更容易扩展。(   )
10. 所有 NoSQL 数据库都能够使用标准的 SQL 进行查询。(   )

8.2.4 填空题

1. Redis 是一种________数据库，广泛应用于缓存和消息队列等场景。
2. Neo4j 是一种________，特别适合处理复杂的关系网络，如进行社交网络分析。
3. NoSQL 数据库通常采用________扩展，通过添加更多服务器来处理更多的数据。
4. MongoDB 是一种________，支持将数据存储为 JSON 或 BSON 格式的文档。
5. NewSQL 数据库的设计目标是提供像________数据库一样的水平扩展能力，同时保持传统 SQL 数据库的特性。
6. 在 NewSQL 数据库中，像 Google Spanner 这样的系统通过________协议来实现全球分布式事务。
7. Redis 支持的持久化方式有两种：________和________。
8. HBase 是基于________模型的分布式数据库，适合存储大规模的______和______的松散数据。

8.2.5 简答题

1. 简述 NoSQL 数据库与关系数据库在数据存储模型上的主要区别。
2. 解释 NoSQL 数据库水平扩展的具体含义。
3. 为什么说 NoSQL 数据库适合大数据存储？
4. 列举两种适用于实时分析的 NoSQL 数据库类型，并简要说明原因。
5. 描述文档数据库在数据结构灵活性方面的优势。
6. 图数据库在处理哪些类型的数据问题时表现出优势？
7. NoSQL 数据库如何处理数据的一致性问题？
8. 简述键值数据库的使用场景，并给出一个实际应用的例子。

8.2.6 应用题

1. 假设你是一个电商平台的数据库管理员，需要选择一个合适的 NoSQL 数据库来存储用户行为（如点击、搜索、购买等）数据。你会选择哪种类型的 NoSQL 数据库？请说明理由。

2. 假设要使用一个 NoSQL 数据库来管理一个图书馆的图书信息，包括书名、作者、分类、借阅记录等。请说明你选择的 NoSQL 数据库类型及选择原因。

3. 考虑一个社交应用，需要存储用户的基本信息、好友列表以及用户之间的消息。请推荐一个 NoSQL 数据库方案，并解释为什么它适合这个应用。

4. 假设需要为一个大型在线教育平台设计数据库。这个平台需要存储课程内容、学生信息，进行作业提交和互动讨论。请选择一个合适的 NoSQL 数据库类型，并解释选择的原因。

5. 一个物联网应用需要处理和存储来自数千个传感器的实时数据，这些数据将用于监控和预测分析。请推荐一个 NoSQL 数据库解决方案，并阐述其适用性。

8.3 习题答案与解析

8.3.1 单选题答案与解析

1. 答案：A

2. 答案：A

3. 答案：C

解析：Cassandra 的数据模型是基于列族的，数据被组织成列族和列的形式，每个列族包含多个行，每行包含多个列。这种数据模型使得 Cassandra 在处理大量数据时具有较高的效率。

4. 答案：B

解析：关系数据库通常支持强一致性，而 NoSQL 数据库大多采用最终一致性，但某些 NoSQL 数据库（如 MongoDB 在特定配置下）也可以支持强一致性。

8.3.2 多选题答案与解析

1. 答案：A、B、D

解析：NoSQL 数据库通常不支持复杂事务处理，所以选项 C 是错误的，其他选项都是正确的。

2. 答案：A、D

解析：Redis 和 Amazon DynamoDB 都采用键值存储模型。

3. 答案：B、C、D

解析：复杂的 SQL 查询属于关系数据库的特性，NoSQL 数据库并不擅长复杂的 SQL 查询，所以选项 A 是错误的，其他选项都是正确的。

4. 答案：B、C、D

解析：NoSQL 数据库通常有自己的查询语言，有些 NoSQL 数据库还可以通过第三方工具使用 SQL 进行查询，所以选项 A 是错误的，其他选项都是正确的。

8.3.3 判断题答案与解析

1. 答案：（×）

解析：NoSQL 数据库是为了解决关系数据库在某些场景下的局限性而设计的，并不是为了完全替代它们。

2. 答案：（×）

解析：键值数据库适合快速查找和存储数据，但不是为处理高复杂性的查询而设计的。

3. 答案：（√）

解析：列族数据库（如 Cassandra 和 HBase）适合大规模数据的存储和快速读写，常用于数据仓库应用。

4. 答案：(√)

解析：文档数据库（如 MongoDB）允许文档内嵌套其他文档和数组，提供了高度灵活的数据结构。

5. 答案：(√)

解析：虽然一些 NoSQL 数据库开始支持 ACID 事务，但普遍而言，NoSQL 数据库不提供传统关系数据库那样的全面 ACID 事务支持。

6. 答案：(√)

解析：图数据库非常适合处理复杂的关系遍历问题，如社交网络中的朋友关系分析。

7. 答案：(×)

解析：NoSQL 数据库可以用于数据分析和数据挖掘，尤其适用于处理大规模、非结构化或半结构化数据。

8. 答案：(×)

解析：水平扩展指的是通过增加更多的处理节点来提高系统的整体性能和容量。

9. 答案：(√)

解析：NoSQL 数据库设计之初就考虑了水平扩展性，通常比关系数据库更容易扩展。

10. 答案：(×)

解析：不是所有 NoSQL 数据库都支持 SQL 查询，许多 NoSQL 数据库有自己的查询语言或 API。

8.3.4 填空题答案

1. 键值
2. 图数据库
3. 水平
4. 文档数据库
5. NoSQL
6. Paxos
7. RDB，AOF
8. 列族，结构化，半结构化

8.3.5 简答题参考答案

1. 参考答案

NoSQL 数据库通常使用非关系的数据存储模型（如键值对、文档、列族或图结构），这些模型不需要固定的表结构，可以更灵活地处理各种数据类型。相比之下，关系数据库使用预定义的模式和表结构，适合存储结构化数据，并通过 SQL 进行复杂的查询。

2. 参考答案

水平扩展是指通过增加更多的服务器节点来提升系统的处理能力和存储容量，而不是升级现有硬件的性能。在 NoSQL 数据库中，水平扩展允许系统在数据量增长时，通过添加更多的服务器来分散负载和存储需求，从而提高数据库的性能和可用性。

3．参考答案

NoSQL 数据库适合大数据存储，因为它们能够高效地存储和查询大量的非结构化或半结构化数据，支持水平扩展，易于分布式运行，且通常提供高吞吐量的读写性能。

4．参考答案

适合实时分析的 NoSQL 数据库类型包括键值数据库和列族数据库。键值数据库（如 Redis）可以提供快速的数据访问和高性能的缓存机制。列族数据库（如 Cassandra）能够处理大量数据的快速写入，并支持高效的读操作。

5．参考答案

文档数据库允许存储不同结构的文档，这些文档可以包含嵌套的对象和数组，提供比传统关系数据库更高的灵活性，使开发者能够更自然地存储和查询数据结构复杂的数据。

6．参考答案

图数据库在处理复杂关系和网络分析方面表现出优势，如社交网络中的朋友推荐、最短路径计算、网络拓扑分析等。

7．参考答案

NoSQL 数据库通过最终一致性模型来处理数据一致性问题，这意味着系统在一定时间内可能不一致，但最终所有的数据副本将达到一致状态。系统通过异步复制和冲突解决策略来实现这一点。

8．参考答案

键值数据库适用于需要进行快速读取和写入操作的场景，如在线会话存储、用户配置和缓存。例如，Redis 可以用作 Web 应用的会话缓存，以提高用户访问速度和降低数据库负载。

8.3.6 应用题参考答案

1．参考答案

对于电商平台的用户行为数据，列族数据库（如 Cassandra）是一个合适的选择。用户行为数据（如点击、搜索、购买记录）通常以高频率生成，属于时间序列数据，需要高吞吐量的写操作。Cassandra 的列族模型支持高效的分布式写入和按列查询，能够快速处理大规模数据，同时其分布式架构保证了高可用性和扩展性，非常适合此类场景。

2．参考答案

文档数据库（如 MongoDB）适合管理图书馆的图书信息。文档数据库支持灵活的数据结构，很容易存储和检索书名、作者、分类等不同结构的信息。借阅记录可以作为嵌套文档存储在每本书的文档中，易于管理和查询。

3．参考答案

对于社交应用，图数据库（如 Neo4j）是一个优秀的选择。它可以有效地管理用户的基本信息，同时，图数据库的关系模型非常适合表示和查询用户之间的好友关系。用户之间的消息可以作为边的属性或者独立的节点来存储。

4．参考答案

文档数据库（如 MongoDB）可以用于在线教育平台。它允许存储结构多样的文档，适合管理课程内容、学生信息等。文档数据库也适合存储作业和互动讨论信息这类结构复杂的数据。

5. 参考答案

对于物联网应用，时间序列数据库或列族数据库（如 Cassandra）可以用于处理和存储实时数据。这类数据库可以高效地存储和查询时间序列数据，并支持快速写入数据，适合物联网应用中的数据监控和预测分析。

8.4 本章小结

本章围绕 NoSQL 数据库的核心概念与类型展开，通过单选题、多选题、判断题等多种题型，帮助读者加深对 NoSQL 数据库的理解；重点介绍了 NoSQL 数据库在大数据场景下的性能优势，包括其灵活的数据模型、高可用性和水平扩展能力；通过对键值数据库、列族数据库、文档数据库和图数据库的特点及应用场景的分析，读者能够全面了解 NoSQL 数据库在非结构化和半结构化数据处理中的优势。

第 9 章 分布式数据库 HBase

在信息技术日新月异的今天，数据量的爆炸式增长和多样化需求给传统的关系数据库带来了前所未有的挑战。为了应对这些挑战，NoSQL 数据库技术应运而生，特别是在处理大规模数据和高并发请求方面，HBase 作为一种分布式数据库解决方案脱颖而出。HBase 基于 Google 的 Bigtable 设计，运行在 HDFS 之上，提供了卓越的实时读写能力和线性扩展性，成为大数据处理中的重要工具。《数据库系统原理（微课版）》第 9 章“分布式数据库 HBase”深入探讨了 HBase 的数据模型、实现原理、运行机制以及安装使用和编程方法。

9.1 基本知识点

《数据库系统原理（微课版）》第 9 章的重点在于掌握分布式数据库 HBase 的数据模型和使用方法。需要了解和掌握的知识点具体如下。

- 理解 HBase 的基本概念及其与传统关系数据库的区别，了解 HBase 为何在处理大数据和高并发的场景下具有重要价值。
- 掌握 HBase 的核心架构组件，包括 HMaster、RegionServer 和 ZooKeeper；了解每个组件的功能、工作原理以及它们在分布式环境中的协作方式。
- 了解 HBase 的数据模型，包括行键（Row Key）、列族（Column Family）、列限定符（Column Qualifier）和时间戳（Timestamp）；掌握这些概念对设计高效的数据存储和检索策略至关重要。
- 了解 HBase 的表设计原则和最佳实践，包括行键设计、列族设计和数据压缩策略。合理的表设计可以显著提高 HBase 的性能和可扩展性。
- 了解 HBase 在分布式架构中的角色和优势，包括高可用性、水平扩展性和灵活的数据模型。HBase 的设计使其能够在大规模数据环境中提供高效的存储和检索能力。
- 通过比较 HBase 和其他 NoSQL 数据库，体会 HBase 在处理大规模结构化数据和半结构化数据方面的优势和局限性，了解 HBase 技术出现和发展的必然性。

9.2 习题

9.2.1 单选题

1. HBase 的设计主要基于以下哪种技术？（　　）
   A. Apache Cassandra　B. Google Bigtable
   C. Amazon DynamoDB　D. MongoDB
2. 在 HBase 中，哪一个组件负责管理 HBase 集群并处理 DDL 操作？（　　）
   A. RegionServer　B. HMaster　C. ZooKeeper　D. HDFS
3. HBase 中的行键具有以下哪个特点？（　　）
   A. 行键唯一标识一行数据　B. 行键是可选的
   C. 行键可以重复　D. 行键只能是数字
4. HBase 中的哪个组件用于协调和管理 HBase 集群，提供分布式锁和配置管理等功能？（　　）
   A. RegionServer　B. HMaster　C. ZooKeeper　D. HDFS
5. HBase 中的列族具有以下哪个特点？（　　）
   A. 列族是列的集合　B. 列族是行的集合
   C. 列族只能包含一个列　D. 列族不需要定义
6. 在 HBase 中，数据的版本通过以下哪种方式进行标识？（　　）
   A. 行键　B. 列族　C. 列限定符　D. 时间戳

9.2.2 多选题

1. 在 HBase 中，行键设计需要考虑哪些因素？（　　）
   A. 唯一性　B. 分布均匀　C. 可读性　D. 长度限制
2. HBase 在数据存储和检索方面有哪些优化策略？（　　）
   A. 数据压缩　B. 数据分片　C. 数据缓存　D. 数据冗余
3. 使用 HBase 进行数据分析时，可以与哪些大数据工具集成？（　　）
   A. Apache Spark　B. Apache Hive　C. Apache Flink　D. Apache Kafka
4. HBase 的哪些特性有助于实现高可用性？（　　）
   A. 自动故障转移　B. 多副本存储　C. 分布式锁　D. 数据备份
5. 以下关于 HBase 存储特性的说法，哪些是正确的？（　　）
   A. HBase 数据是以列族为单位进行存储的
   B. HBase 存储的数据类型包括整型、浮点型、字符串等
   C. HBase 中的数据在存储时会自动进行压缩
   D. HBase 中的数据存储是基于磁盘的，不支持内存存储
6. 以下哪些操作可以通过 HBase Shell 完成？（　　）
   A. 创建表　B. 插入数据　C. 删除表　D. 扫描表

9.2.3 判断题

1. HBase 是一种面向列的分布式数据库。（　　）

2. HBase 不需要依赖 HDFS 就可以独立运行，并且支持大规模数据存储。(　　)
3. 在 HBase 中，所有数据都存储在表中。(　　)
4. HBase 支持复杂的 SQL 查询。(　　)
5. 在 HBase 中，Region 是数据分片的基本单位。(　　)
6. HBase 的写操作是先写入内存，再异步写入磁盘。(　　)
7. HBase 可以通过增加 RegionServer 来实现水平扩展。(　　)
8. HBase 不支持多版本的数据存储。(　　)
9. 在 HBase 中，删除操作会立即从磁盘中移除数据。(　　)
10. HBase 可以与 MapReduce 作业集成，用于大规模数据处理。(　　)

9.2.4　填空题

1. HBase 是基于 Google 的________设计的，是一种 NoSQL 数据库。
2. 在 HBase 中，数据存储在________中，每个________包含多个列族。
3. HBase 使用________进行分布式协调和管理，以确保集群的高可用性。
4. HBase 的写操作首先将数据写入内存中的________，然后异步写入磁盘。
5. HBase 支持多版本存储，每个单元格的数据版本通过________进行标识。
6. HBase 的________过程用于合并小文件，以优化存储和提高读写性能。
7. 在 HBase 中，行键是按________顺序排列的。
8. HBase 有多种访问接口，其中，Hadoop 生态系统中的________支持以类似 SQL 的方式来访问 HBase。
9. HBase 的表可以动态添加新的________，不需要预定义。
10. HBase 的读写操作是通过________组件进行处理的，该组件负责管理数据的存储和检索。

9.2.5　简答题

1. 简述 HBase 与传统关系数据库在数据存储模型上的主要区别。
2. 解释 HBase 在处理大规模数据方面的优势。
3. 描述 HBase 的行键设计原则。
4. 说明 HBase 中的数据版本控制机制。
5. 讨论 HBase 与 Hadoop 生态系统中其他工具（如 MapReduce、Hive、Spark）的集成方式。
6. 描述 HBase 的写操作流程。
7. 解释 HBase 中 Region 的分裂和合并机制。
8. 讨论 HBase 在分布式环境中的高可用性实现方法。
9. 请详细描述 Region 分裂和合并的触发条件、过程以及对系统性能的影响。

9.2.6　应用题

1. 假设你是一名金融服务平台的数据库管理员，需要设计一个 HBase 表来存储用户的账户信息和交易记录。账户信息包括用户编号、用户名、账户余额和账户创建时间；交易记录包括交易编号、用户编号、交易类型、交易金额和交易时间。请详细说明表的设计，包括行键、列族、列限定符的设计，并给出插入和查询数据的 HBase Shell 命令。

2. 设计一个方案来备份和恢复 HBase 中的数据。请详细说明备份和恢复的步骤、使用的工具以及如何确保数据的一致性和完整性。

3. 讨论 HBase 在物联网（IoT）应用中的使用。请描述一个具体的应用场景（如传感器数据收集和分析），详细说明 HBase 在该场景中的数据存储和检索策略，以及其与其他大数据处理工具（如 Apache Storm、Apache NiFi）集成后，它们分别可完成什么操作。

9.3 习题答案与解析

9.3.1 单选题答案

1. 答案：B

解析：HBase 的设计受到了 Google 分布式存储系统 Bigtable 的启发，旨在满足大规模的数据存储需求。

2. 答案：B

解析：HMaster 是 HBase 的主控节点，负责管理集群中的元数据、处理 DDL 操作（如创建或删除表）等。

3. 答案：A

解析：行键在 HBase 中用于唯一标识一行数据，是每行数据的唯一标识符。

4. 答案：C

解析：ZooKeeper 是一个分布式协调服务，HBase 使用它来协调集群中的多个组件，并提供分布式锁和配置管理等功能。

5. 答案：A

解析：列族是 HBase 数据模型中的一个重要概念，每个列族是多个列的集合，数据是按照列族进行存储的。

6. 答案：D

解析：HBase 中的数据是多版本的，每个版本的数据都是通过时间戳来标识的，允许存储同一行的多个版本数据。

9.3.2 多选题答案

1. 答案：A、B、C

解析：在 HBase 中，行键设计需要考虑唯一性，确保每行数据都有唯一的标识符；考虑分布均匀，以使数据能够均匀地分布在各个 Region 中，提高查询性能；考虑可读性，方便开发人员理解和使用。行键的长度没有严格的限制，但过长的行键可能会影响性能。

2. 答案：A、B、C

解析：HBase 通过数据压缩、数据分片和数据缓存来提高存储和检索的效率，而数据冗余主要与高可用性和容错相关。

3. 答案：A、B、C、D

解析：HBase 可以与 Apache Spark、Apache Hive、Apache Flink 和 Apache Kafka 等大数据工具集成，以完成数据分析。

4. 答案：A、B

解析：自动故障转移和多副本存储都可以帮助 HBase 实现高可用性。分布式锁主要用于协调多个进程或线程对共享资源的访问，并不是直接用于实现高可用性。数据备份属于灾难恢复策略，与高可用性无关。

5. 答案：A、C

解析：HBase 数据是以列族为单位进行存储的，这种存储方式使得对特定列的查询更加高效，所以选项 A 是正确的。HBase 以字节数组的形式存储数据，并不会区分整型、浮点型、字符串等数据类型，所以选项 B 是错误的。HBase 在存储数据时能够自动进行压缩，这样可以减少对存储空间的占用，提高数据传输效率，并且压缩方式可以根据实际需求进行配置，所以选项 C 是正确的。对于数据存储方式，HBase 并非只基于磁盘存储，新写入的数据会先存储在内存的 MemStore 中，当满足一定条件时会被刷写到磁盘上的 HFile 中，并且 HBase 还会利用内存进行数据缓存以提高查询性能，所以选项 D 是错误的。

6. 答案：A、B、C、D

解析：HBase Shell 可以完成创建表、插入数据、删除表和扫描表等操作。HBase Shell 是一个命令行工具，提供操作 HBase 数据库的一系列命令。

9.3.3 判断题答案与解析

1. 答案：(√)

解析：HBase 是一种面向列的分布式数据库，借鉴了 Google Bigtable 的设计思想。

2. 答案：(×)

解析：HBase 可以单机运行，但是，单机运行时只能存储有限的数据。如果要支持大规模数据存储，HBase 必须运行在 HDFS 之上。

3. 答案：(√)

解析：在 HBase 中，所有数据都存储在表中，表是数据存储的基本单位。

4. 答案：(×)

解析：HBase 不支持复杂的 SQL 查询，它主要支持简单的 CRUD 操作和基于行键的扫描。

5. 答案：(√)

解析：在 HBase 中，Region 是数据分片的基本单位，每个 Region 包含一个表的一部分数据。

6. 答案：(√)

解析：HBase 的写操作是先写入内存中的 MemStore，再异步写入磁盘中的 HFile。

7. 答案：(√)

解析：HBase 可以通过增加 RegionServer 来实现水平扩展，从而处理更多的数据和请求。

8. 答案：(×)

解析：HBase 支持多版本的数据存储，每个单元格可以存储多个版本的数据，版本通过时间戳来标识。

9. 答案：（×）

解析：在 HBase 中，删除操作不会立即从磁盘中移除数据，而是标记为删除，实际删除操作会在后续的压缩过程中完成。

10. 答案：（√）

解析：HBase 可以与 MapReduce 作业集成，用于大规模数据处理和分析。

9.3.4 填空题答案

1. Bigtable
2. 表，表
3. ZooKeeper
4. MemStore
5. 时间戳
6. 压缩（或 Compaction）
7. 字典
8. Hive
9. 列
10. RegionServer

9.3.5 简答题参考答案

1. 参考答案

HBase 使用面向列的存储模型，数据存储在表中，每个表包含多个列族，每个列族包含多个列。这种模型允许灵活地添加列，适合处理半结构化数据和非结构化数据。相比之下，传统关系数据库使用预定义的模式和表结构，适合存储结构化数据，并通过 SQL 进行复杂的查询。

2. 参考答案

HBase 在处理大规模数据方面具有以下优势：首先，它能够在 HDFS 之上运行，利用 HDFS 的分布式存储能力；其次，HBase 支持线性扩展，可以通过增加 RegionServer 节点来扩展存储和处理能力；最后，HBase 提供了强大的实时读写能力，支持高并发的读写操作。

3. 参考答案

HBase 的行键设计应遵循以下原则：第一，行键必须唯一，以确保每行数据被唯一标识；第二，行键应尽量分布均匀，以避免数据倾斜和热点问题；第三，行键的长度应适中，以避免过长的行键影响性能；第四，行键可以包含有意义的信息，以便查询和检索。

4. 参考答案

HBase 支持多版本的数据存储，每个单元格可以存储多个版本的数据，版本通过时间戳来标识。默认情况下，HBase 会保留最近 3 个版本的数据，用户可以根据需要调整保留的版本数量。多版本机制允许用户访问数据的历史版本，实现数据的时间序列分析。

5. 参考答案

HBase 可以与 Hadoop 生态系统中的其他工具集成：与 MapReduce 集成，HBase 可以作为数据源或数据目标，利用 MapReduce 进行大规模数据处理；与 Hive 集成，Hive 可以通过 HBase 存储和查询数据，提供 SQL 风格的查询接口；与 Spark 集成，Spark 可以通过 HBase 进行数据读写，利用 Spark 的内存计算能力进行快速数据处理和分析。

6. 参考答案

HBase 的写操作流程如下：客户端将数据写入内存中的 MemStore，并记录到 WAL（Write-Ahead Log）中；当 MemStore 中的数据达到某个阈值时，数据会被刷写到磁盘中的 HFile；WAL 确保了数据的持久性，即使系统故障也能恢复数据。

7. 参考答案

HBase 中的 Region 是数据分片的基本单位。当 Region 中的数据量达到某个阈值时，Region 会自动分裂为两个新的 Region，以均衡负载和存储；相反，当 Region 中的数据量减少到一定程度时，Region 可以合并，以减少 Region 的数量，提高系统的管理效率。

8. 参考答案

HBase 在分布式环境中的高可用性通过以下方法实现：首先，使用 ZooKeeper 进行分布式协调和管理，确保集群的高可用性；其次，通过 WAL 和 HDFS 的多副本机制，确保数据的持久性和容错能力；最后，通过 RegionServer 的自动故障转移和负载均衡机制，确保系统在节点故障时仍能正常运行。

9. 参考答案

Region 分裂的触发条件是 Region 中的数据量达到某个阈值，此时系统会自动将其分裂为两个新的 Region，从而实现负载和存储的均衡。分裂过程包括将数据分成两部分，并在 Meta 表中更新 Region 信息。Region 合并的触发条件是 Region 中的数据量减少到一定程度，此时系统会将两个相邻的 Region 合并，以减少 Region 的数量，提高系统管理效率。分裂和合并过程都会占用系统资源，可能会暂时影响系统的读写性能。

9.3.6 应用题参考答案

1. 参考答案

设计以下 HBase 表来存储用户的账户信息和交易记录。

（1）行键：user_id（账户信息表 accounts），transaction_id（交易记录表 transactions）。

（2）列族：info（账户信息表 accounts），transactions（交易记录表 transactions）。

（3）列限定符：info 列族包括 username、balance、creation_time，transaction 列族包括 user_id、transaction_type、amount、transaction_time。

插入数据的 HBase Shell 命令如下。

```
# 插入账户信息
put 'accounts', 'user1', 'info:username', 'zhangsan'
put 'accounts', 'user1', 'info:balance', '1000.00'
put 'accounts', 'user1', 'info:creation_time', '2023-01-01 10:00:00'
```

```
# 插入交易记录
put 'transactions', 'txn1', 'transaction:user_id', 'user1'
put 'transactions', 'txn1', 'transaction:transaction_type', 'deposit'
put 'transactions', 'txn1', 'transaction:amount', '500.00'
put 'transactions', 'txn1', 'transaction:transaction_time', '2023-10-01 12:34:56'
```

查询数据的 HBase Shell 命令如下。

```
get 'accounts', 'user1'
get 'transactions', 'txn1'
```

2. 参考答案

备份步骤：使用 HBase 的 Snapshot 功能创建表的快照，使用 ExportSnapshot 工具将快照导出到 HDFS 或其他存储系统。

恢复步骤：使用 ImportSnapshot 工具将快照导入 HBase 集群中，恢复表的数据。

确保数据一致性和完整性的方法包括在备份前暂停写操作，确保快照的一致性，以及在恢复后进行数据校验。

3. 参考答案

应用场景：传感器数据收集和分析。

数据存储策略：将行键按时间排序，便于快速检索最新的传感器数据；使用列族分隔不同类型的传感器数据。

数据检索策略：通过扫描操作检索一段时间内的数据。

集成工具：使用 Apache Storm 进行实时数据处理，使用 Apache NiFi 进行数据流管理，使用 HBase 存储处理后的结果。

9.4 实验 5：熟悉常用的 HBase 操作

9.4.1 实验目的

（1）掌握 HBase 数据库的安装与配置。

（2）理解 HBase 表设计原则，并应用于实际系统。

（3）熟练使用 HBase Shell 命令操作数据库。

（4）掌握利用 Java API 操作 HBase 数据库的方法。

9.4.2 实验平台

（1）操作系统：Windows 7 及以上。

（2）HBase 版本：2.2.2。

（3）JDK 版本：1.8。

（4）Java IDE：Eclipse。

9.4.3 实验内容

1. 设计 HBase 表

通过设计并实现 HBase 的表结构，深入理解 HBase 的数据模型，掌握 HBase 的基本数据结构和操作方式，并能够在电商平台订单管理系统的背景下应用这些概念。同时，在行键设计方面，行键应该具有描述性，尽量简洁，避免过长的键名，可以使用组合键（如订单编号和时间戳）来确保唯一性；在列族和列限定符的设计方面，需要根据数据的特点选择合适的结构，如订单详情、用户信息等；HBase 是一个分布式数据库，设计表结构时应考虑数据的分布和查询效率。

请针对电商平台订单管理系统设计 3 个基础表格（包括订单信息表、用户信息表和商品信息表）的结构。其中，订单信息表需要存储订单的详细信息，如用户编号、商品编号、订单状态、订单时间等；用户信息表需要存储用户的详细信息，如用户名、邮箱、电话等；商品信息表需要存储商品的详细信息，如商品名称、类别、价格等。

【参考答案】

以下是相应的表结构设计。

（1）订单信息表。

表名：orders。

行键：order:<order_id>，其中<order_id>是订单的唯一标识符。

列族：details。

列限定符：user_id、product_id、status、order_time。

单元格：使用行键、列族和列限定符所对应的单元格，存储订单的详细信息，如用户编号、商品编号、订单状态、订单时间等。

（2）用户信息表。

表名：users。

行键：user:<user_id>，其中<user_id>是用户的唯一标识符。

列族：info。

列限定符：name、email、phone。

单元格：使用行键、列族和列限定符所对应的单元格，存储用户的详细信息，如用户名、邮箱、电话等。

（3）商品信息表。

表名：products。

行键：product:<product_id>，其中<product_id>是商品的唯一标识符。

列族：info。

列限定符：name、category、price。

单元格：使用行键、列族和列限定符所对应的单元格，存储商品的详细信息，如商品名称、类别、价格等。

2. 使用 HBase Shell 命令进行基本操作

用 HBase Shell 命令完成以下指定功能。

（1）列出 HBase 指定的表的相关信息，如查询单个订单的信息。

（2）在终端上输出所有用户的订单记录。

（3）添加用户信息以及相应的订单记录。

（4）清空指定用户的所有订单记录。

【参考答案】

（1）进入 HBase Shell。

执行以下命令进入 HBase Shell。

```
hbase shell
```

（2）创建表。

执行以下命令创建一个名为“orders”的表，包含一个列族 details。

```
create 'orders', 'details'
```

执行以下命令创建一个名为“users”的表，包含一个列族 info。

```
create 'users', 'info'
```

执行以下命令创建一个名为“products”的表，包含一个列族 info。

```
create 'products', 'info'
```

（3）插入数据。

执行以下命令插入用户信息。

```
put 'users', 'user1', 'info:name', 'Zhang Wei'
put 'users', 'user1', 'info:email', 'zhang.wei@example.com'
put 'users', 'user1', 'info:phone', '1234567890'

put 'users', 'user2', 'info:name', 'Li Hua'
put 'users', 'user2', 'info:email', 'li.hua@example.com'
put 'users', 'user2', 'info:phone', '0987654321'
```

执行以下命令插入商品信息。

```
put 'products', 'product1', 'info:name', 'Laptop'
put 'products', 'product1', 'info:category', 'Electronics'
put 'products', 'product1', 'info:price', '1000'

put 'products', 'product2', 'info:name', 'Smartphone'
put 'products', 'product2', 'info:category', 'Electronics'
put 'products', 'product2', 'info:price', '500'
```

执行以下命令插入订单记录。

```
put 'orders', 'order1', 'details:user_id', 'user1'
put 'orders', 'order1', 'details:product_id', 'product1'
put 'orders', 'order1', 'details:status', 'shipped'
put 'orders', 'order1', 'details:order_time', '1622547800'

put 'orders', 'order2', 'details:user_id', 'user2'
put 'orders', 'order2', 'details:product_id', 'product2'
put 'orders', 'order2', 'details:status', 'processing'
put 'orders', 'order2', 'details:order_time', '1622547801'

put 'orders', 'order3', 'details:user_id', 'user1'
put 'orders', 'order3', 'details:product_id', 'product1'
put 'orders', 'order3', 'details:status', 'delivered'
put 'orders', 'order3', 'details:order_time', '1622547802'
```

（4）删除数据。

假设要清空 user1 的所有订单记录，执行以下命令查询 user1 的所有订单记录。

```
    scan 'orders', {FILTER => "SingleColumnValueFilter('details', 'user_id', =,
'binary:user1')"}
```

执行以下命令删除 user1 的所有订单记录。

```
    deleteall 'orders', 'order:order1'
    deleteall 'orders', 'order:order3'
```

3. 使用 Java API 操作 HBase

用 Java API 编程完成以下任务。

（1）列出 HBase 指定的表的相关信息，如查询单个订单的信息。

（2）在终端输出所有用户的订单记录。

（3）添加用户信息以及相应的订单记录。

（4）清空指定用户的所有订单记录。

（5）统计所有商品的订单总数。

【参考答案】

参考《数据库系统原理（微课版）》第 9.7.2 小节中介绍的 Eclipse 使用方法，在 Eclipse 中新建一个 Java 项目 HBaseProj，在项目中添加 HBase 的依赖 JAR 包，并在项目 HBaseProj 下面新建一个 Java 代码文件 HBaseExample.java，编写代码实现数据的增、删、改、查操作。完整的 Java 代码如下。

```
import org.apache.hadoop.conf.Configuration;
import org.apache.hadoop.hbase.HBaseConfiguration;
import org.apache.hadoop.hbase.TableName;
import org.apache.hadoop.hbase.client.*;
import org.apache.hadoop.hbase.filter.CompareFilter.CompareOp;
import org.apache.hadoop.hbase.filter.SingleColumnValueFilter;
import org.apache.hadoop.hbase.util.Bytes;

public class HBaseExample {
    public static void main(String[] args) throws Exception {
        // 创建 HBase 配置
        Configuration config = HBaseConfiguration.create();

        config.set("hbase.zookeeper.quorum", "localhost");
        config.set("hbase.zookeeper.property.clientPort", "2181");

        // 创建连接
        Connection connection = ConnectionFactory.createConnection(config);
        Admin admin = connection.getAdmin();

        // 创建表
        TableName tableNameOrders = TableName.valueOf("orders");
        TableName tableNameUsers = TableName.valueOf("users");
        TableName tableNameProducts = TableName.valueOf("products");

        if (!admin.tableExists(tableNameOrders)) {
            TableDescriptor tableDescriptorOrders = TableDescriptorBuilder
                    .newBuilder(tableNameOrders)
                    .setColumnFamily(ColumnFamilyDescriptorBuilder.of
```

```
("details"))
                        .build();
                admin.createTable(tableDescriptorOrders);
            }

            if (!admin.tableExists(tableNameUsers)) {
                TableDescriptor tableDescriptorUsers = TableDescriptorBuilder
                        .newBuilder(tableNameUsers)
                        .setColumnFamily(ColumnFamilyDescriptorBuilder.
of("info"))
                        .build();
                admin.createTable(tableDescriptorUsers);
            }

            if (!admin.tableExists(tableNameProducts)) {
                TableDescriptor tableDescriptorProducts =
TableDescriptorBuilder
                        .newBuilder(tableNameProducts)
                        .setColumnFamily(ColumnFamilyDescriptorBuilder.of
("info"))
                        .build();
                admin.createTable(tableDescriptorProducts);
            }

            // 获取表
            Table tableOrders = connection.getTable(tableNameOrders);
            Table tableUsers = connection.getTable(tableNameUsers);
            Table tableProducts = connection.getTable(tableNameProducts);

            // 添加用户信息
            Put putUser1 = new Put("user1".getBytes());
            putUser1.addColumn("info".getBytes(),
                    "name".getBytes(), "Zhang Wei".getBytes());
            putUser1.addColumn("info".getBytes(),
                    "email".getBytes(), "zhang.wei@example.com".getBytes());
            putUser1.addColumn("info".getBytes(),
                    "phone".getBytes(), "1234567890".getBytes());
            tableUsers.put(putUser1);

            Put putUser2 = new Put("user2".getBytes());
            putUser2.addColumn("info".getBytes(),
                    "name".getBytes(), "Li Hua".getBytes());
            putUser2.addColumn("info".getBytes(),
                    "email".getBytes(), "li.hua@example.com".getBytes());
            putUser2.addColumn("info".getBytes(),
                    "phone".getBytes(), "0987654321".getBytes());
            tableUsers.put(putUser2);

            // 添加商品信息
            Put putProduct1 = new Put("product1".getBytes());
```

```
putProduct1.addColumn("info".getBytes(),
        "name".getBytes(), "Laptop".getBytes());
putProduct1.addColumn("info".getBytes(),
        "category".getBytes(), "Electronics".getBytes());
putProduct1.addColumn("info".getBytes(),
        "price".getBytes(), "1000".getBytes());
tableProducts.put(putProduct1);

Put putProduct2 = new Put("product2".getBytes());
putProduct2.addColumn("info".getBytes(),
        "name".getBytes(), "Smartphone".getBytes());
putProduct2.addColumn("info".getBytes(),
        "category".getBytes(), "Electronics".getBytes());
putProduct2.addColumn("info".getBytes(),
        "price".getBytes(), "500".getBytes());
tableProducts.put(putProduct2);

// 添加订单记录
Put putOrder1 = new Put("order1".getBytes());
putOrder1.addColumn("details".getBytes(),
        "user_id".getBytes(), "user1".getBytes());
putOrder1.addColumn("details".getBytes(),
        "product_id".getBytes(), "product1".getBytes());
putOrder1.addColumn("details".getBytes(),
        "status".getBytes(), "shipped".getBytes());
putOrder1.addColumn("details".getBytes(),
        "order_time".getBytes(), "1622547800".getBytes());
tableOrders.put(putOrder1);

Put putOrder2 = new Put("order2".getBytes());
putOrder2.addColumn("details".getBytes(),
        "user_id".getBytes(), "user2".getBytes());
putOrder2.addColumn("details".getBytes(),
        "product_id".getBytes(), "product2".getBytes());
putOrder2.addColumn("details".getBytes(),
        "status".getBytes(), "processing".getBytes());
putOrder2.addColumn("details".getBytes(),
        "order_time".getBytes(), "1622547801".getBytes());
tableOrders.put(putOrder2);

Put putOrder3 = new Put("order3".getBytes());
putOrder3.addColumn("details".getBytes(),
        "user_id".getBytes(), "user1".getBytes());
putOrder3.addColumn("details".getBytes(),
        "product_id".getBytes(), "product1".getBytes());
putOrder3.addColumn("details".getBytes(),
        "status".getBytes(), "delivered".getBytes());
putOrder3.addColumn("details".getBytes(),
        "order_time".getBytes(), "1622547802".getBytes());
```

```
            tableOrders.put(putOrder3);

            // 查询数据
            Get get = new Get("order1".getBytes());
            Result result = tableOrders.get(get);
            byte[] status = result.getValue("details".getBytes(),
"status".getBytes());
            System.out.println("Status: " + new String(status));

            // 输出所有订单记录
            Scan scan = new Scan();
            ResultScanner scanner = tableOrders.getScanner(scan);
            for (Result res : scanner) {
                System.out.println(res);
            }
            scanner.close();

            // 清空指定用户的所有订单记录（假设删除 user1 的订单）
            String targetUserId = "user1"; // 指定用户 ID
            Scan scan = new Scan();
            SingleColumnValueFilter filter = new SingleColumnValueFilter(
                Bytes.toBytes("details"),
                Bytes.toBytes("user_id"),
                CompareOp.EQUAL,
                Bytes.toBytes(targetUserId)
            );
            scan.setFilter(filter);
            ResultScanner scanner = tableOrders.getScanner(scan);
            List<Delete> deletes = new ArrayList<>();
            for (Result res : scanner) {
                deletes.add(new Delete(res.getRow()));
            }
            scanner.close();
            if (!deletes.isEmpty()) {
                tableOrders.delete(deletes);
                System.out.println("Deleted " + deletes.size() + " orders for
user: " + targetUserId);
            } else {
               System.out.println("No orders found for user: " +
targetUserId);
            }

            // 统计所有商品的订单总数
            scan = new Scan();
            scanner = tableOrders.getScanner(scan);
            int orderCount = 0;
            for (Result res : scanner) {
                orderCount++;
            }
            scanner.close();
```

```
            System.out.println("Total Orders: " + orderCount);

            // 关闭连接
            tableOrders.close();
            tableUsers.close();
            tableProducts.close();
            connection.close();
        }
    }
```

9.5 本章小结

本章围绕分布式数据库 HBase 的核心概念与架构展开，通过单选题、多选题、判断题等题型帮助读者全面掌握其在大规模数据处理中的应用；重点探讨了 HBase 的数据模型、行键设计和列族的存储策略,读者可以通过习题加深对 HBase 架构组件和操作流程的理解。此外，本章还通过应用题让读者深入思考 HBase 在实际场景中的应用，如高可用性实现、数据存储优化和与大数据工具的集成，进一步夯实了理论基础。

第 10 章 文档数据库 MongoDB

MongoDB 作为先进的 NoSQL 数据库，以其灵活的文档模型、高效的数据处理能力和简单的可扩展性，在现代应用开发中占据了重要地位。MongoDB 不仅能够处理大规模的数据集，还能够满足当今 Web 和移动应用开发对数据库高并发读写、实时处理和高可用性的严格要求。它通过简洁的文档模型，提供了一种更自然和易用的方式来表示数据，使得数据的存储和查询更加直观和灵活。此外，MongoDB 的分布式架构设计支持自动分片和数据复制，提供高可用性和水平扩展能力。

《数据库系统原理（微课版）》第 10 章“文档数据库 MongoDB”介绍了 MongoDB 的关键特性和架构原理，并介绍了 MongoDB 的基础操作和 Java API 编程方法。

10.1 基本知识点

《数据库系统原理（微课版）》第 10 章的学习重点是掌握文档数据库 MongoDB 的基础概念、关键特性和操作方法。需要了解和掌握的知识点具体如下。

- 理解 MongoDB 的文档模型及其与传统关系数据库的区别。
- 深入了解 MongoDB 的核心组件，包括 MongoDB 服务、数据库、集合和文档，并掌握文档的存储方式和操作方法。
- 掌握 MongoDB 的索引原理和查询优化技巧，了解如何通过合理设计索引来提高查询性能和数据检索效率。
- 学习 MongoDB 的聚合框架，这是一个功能强大的工具，用于执行复杂的数据聚合和转换操作，支持多样化数据分析。
- 了解 MongoDB 的分片和复制机制，这些特性使 MongoDB 能够提供高可用性和水平扩展能力，满足大规模数据处理的需求。
- 通过 MongoDB 与其他 NoSQL 数据库、关系数据库的比较，更好地理解 MongoDB 在现代数据驱动应用中的独特价值和适用场景。

10.2 习题

本章的部分习题在《数据库系统原理（微课版）》第 10 章中没有对应的知识点，读者可以将其作为拓展学习内容。

10.2.1 单选题

1. 在 MongoDB 中，一个文档相当于关系数据库中的什么？（ ）
   A. 数据库 B. 表 C. 行 D. 列
2. MongoDB 的默认端口号是多少？（ ）
   A. 3306 B. 5432 C. 27017 D. 8080
3. 在 MongoDB 中，下面哪个方法用于创建或更新文档？（ ）
   A. find() B. insert() C. update() D. delete()
4. MongoDB 支持哪种类型的复制机制？（ ）
   A. 主从复制 B. 同步复制 C. 异步复制 D. 分片复制
5. 在 MongoDB 中，如何选择性地返回文档中的字段？（ ）
   A. 使用 find()方法的第二个参数 B. 使用 update()方法
   C. 使用 insert()方法 D. 使用 delete()方法
6. 在 MongoDB 的聚合框架中，哪个操作用于重新排序文档？（ ）
   A. $match B. $group C. $sort D. $project

10.2.2 多选题

1. 在 MongoDB 中，哪些操作可以用于查询文档？（ ）
   A. find() B. insertOne() C. update() D. findOne()
2. 在 MongoDB 中，关于索引的说法正确的是？（ ）
   A. 索引可以提高查询效率 B. 只有主键可以建立索引
   C. 索引会降低写入性能 D. 索引会占用额外的存储空间
3. MongoDB 支持的数据类型包括哪些？（ ）
   A. String B. Date C. Array D. Pointer
4. 在 MongoDB 中，哪些方法可以用来修改文档？（ ）
   A. updateOne() B. updateMany() C. deleteOne() D. replaceOne()
5. 在 MongoDB 中，哪些场景适合使用聚合操作？（ ）
   A. 数据排序 B. 数据分组 C. 计算数据总和 D. 删除重复数据
6. 在 MongoDB 中，哪些类型的文件可以存储在 GridFS 中？（ ）
   A. 图片 B. 视频
   C. 音频 D. 超过 16 MB 的文档

10.2.3 判断题

1. MongoDB 无法在嵌套文档上建立索引。（ ）

2. 在 MongoDB 中，文档的字段可以是另一个文档。(　　)
3. MongoDB 支持事务操作。(　　)
4. MongoDB 的副本集中，所有节点都可以接受写操作。(　　)
5. MongoDB 支持全文搜索。(　　)
6. 在 MongoDB 中，每个文档都必须有一个唯一的_id 字段。(　　)
7. MongoDB 的 GridFS 用于存储大于 16 MB 的文档。(　　)
8. MongoDB 允许在单个操作中修改多个文档。(　　)
9. MongoDB 的索引可以加速查询，但不影响写操作的性能。(　　)
10. MongoDB 的主节点在副本集中自动选举产生。(　　)

10.2.4　填空题

1. 在 MongoDB 中，可以使用________来创建集合。
2. MongoDB 的监控工具________可以用来查看数据库的实时状态。
3. MongoDB 中的文档存储格式称为________。
4. 在 MongoDB 中，可以使用________方法来查找匹配单个文档的第一个结果。
5. 在 MongoDB 的聚合框架中，用于过滤文档的操作是________。
6. 在 MongoDB 中，可以通过________方法来更新多个文档。
7. 在 MongoDB 中，为了提高查询效率，可以对集合中的字段创建________。
8. 在 MongoDB 中，使用________可以删除一个集合。
9. MongoDB 的________功能允许将数据分布在多个服务器上。
10. 使用 MongoDB 的 GridFS，可以存储大于________的文档。

10.2.5　简答题

1. 简述 MongoDB 中索引的作用。
2. 简述 MongoDB 副本集的工作原理。
3. 解释 MongoDB 中的分片如何工作。
4. 简述 MongoDB 聚合框架的用途。
5. 解释 MongoDB 的 GridFS 是什么以及它的应用场景。
6. 简述 MongoDB 如何实现数据的高可用性。
7. 简述 MongoDB 中的文档引用与嵌入文档的区别以及它们的应用场景。
8. 解释 MongoDB 中读偏好（Read Preference）的作用及其重要性。

10.2.6　应用题

1. 数据模型设计：你正在为一家在线图书商店设计 MongoDB 数据库。该商店需要存储图书信息、用户信息以及用户的购买记录。请简述你会如何设计这个数据库的数据模型，包括集合的设计和主要字段。

2. 应用场景构思：想象你正在开发一个社交媒体应用，该应用需要在 MongoDB 中存储用户的帖子、评论以及用户之间的关注关系。请简述你会如何构建这些数据的存储模型。

3. 索引优化：考虑第 2 题中的社交媒体应用，用户的帖子会被频繁地查询。请简述你将如何使用索引来优化帖子的查询性能。

4. 聚合查询：对于第 1 题中的在线图书商店，管理层希望能够查询每个用户的平均购买金额。请使用 MongoDB 的聚合查询命令来实现这个需求。

5. 备份与恢复：简述在 MongoDB 中进行数据库备份与恢复的一种方法，并解释这种方法的优缺点。

10.3 习题答案与解析

10.3.1 单选题答案与解析

1. 答案：C

解析：在 MongoDB 中，一个文档相当于关系数据库中的行。文档是 MongoDB 中数据的基本单元，包含一组键值对；而在关系数据库中，行是表中的一条记录。

2. 答案：C

解析：MongoDB 的默认端口号是 27017。3306 是 MySQL 的默认端口号，5432 是 PostgreSQL 的默认端口号，8080 通常是一些 Web 服务器的默认端口号。

3. 答案：C

解析：update()方法用于创建或更新文档。find()方法用于查询文档，insert()方法用于插入新文档，delete()方法用于删除文档。

4. 答案：C

解析：MongoDB 支持异步复制机制。主节点将数据变更异步复制到从节点，提高了系统的可用性和性能。同步复制会影响性能，分片复制是一种数据分布机制，不是复制机制。

5. 答案：A

解析：在 MongoDB 中，可以使用 find()方法的第二个参数选择性地返回文档中的字段。update()方法用于更新文档，insert()方法用于插入文档，delete()方法用于删除文档。

6. 答案：C

解析：$sort 操作用于在 MongoDB 的聚合框架中重新排序文档。$match 用于筛选文档，$group 用于分组，$project 用于投影（选择特定字段）。

10.3.2 多选题答案与解析

1. 答案：A、D

解析：find()和 findOne()可以用于查询文档。findOne()用于查询并返回单个符合条件的文档，find()用于查询并返回多个符合条件的文档。insertOne()用于插入单个文档，update()用于更新文档，而不是用于查询。

2. 答案：A、C、D

解析：索引可以提高查询效率，快速定位满足条件的数据。索引会占用额外的存储空间来存储索引数据。同时，索引会降低写入性能，因为每次执行写入操作都需要更新索引。

在 MongoDB 中，除了主键自动建立索引，用户还可以根据需求创建其他索引。

3. 答案：A、B、C

解析：MongoDB 支持的数据类型包括 String、Date、Array 等。Pointer 不是 MongoDB 内置的数据类型。

4. 答案：A、B、D

解析：updateOne()和 updateMany()用于更新文档，replaceOne()用于替换文档，都属于修改文档。deleteOne()用于删除文档，而不是修改文档。

5. 答案：A、B、C

解析：聚合操作在 MongoDB 中可以用于数据排序（使用$sort）、数据分组（使用$group）、计算数据总和等。删除重复数据需要将一些特定的聚合操作和其他方法结合使用才能实现。

6. 答案：A、B、C、D

解析：GridFS 是 MongoDB 用于存储大型文件（如图片、视频、音频、超过 16 MB 的文档等）的机制。

10.3.3 判断题答案与解析

1. 答案：（×）

解析：MongoDB 可以在嵌套文档上建立索引，以提高查询性能。

2. 答案：（√）

解析：MongoDB 中的文档字段可以是基本数据类型，也可以是另一个文档，支持嵌套文档。

3. 答案：（√）

解析：MongoDB 从 4.0 开始支持多文档事务操作。

4. 答案：（×）

解析：MongoDB 的副本集中，只有主节点可以接受写操作，副本节点主要用于读取和数据备份。

5. 答案：（√）

解析：MongoDB 提供了全文搜索功能，用以对文本内容进行高效搜索。

6. 答案：（√）

解析：在 MongoDB 中，每个文档都必须有一个唯一的_id 字段，用于标识文档。

7. 答案：（√）

解析：MongoDB 的 GridFS 是用于存储大于 16 MB 的文档的系统。

8. 答案：（√）

解析：MongoDB 允许在单个操作中修改多个文档，如使用 updateMany()方法。

9. 答案：（×）

解析：虽然索引可以加速查询，但它们也会占用额外的存储空间并可能影响写操作的性能。

10. 答案：（√）

解析：MongoDB 的副本集会自动进行主节点选举，以确保集群的高可用性。

10.3.4 填空题答案

1. db.createCollection()
2. mongostat
3. BSON（或 Binary JSON）
4. findOne()
5. $match
6. updateMany()
7. 索引
8. db.collection.drop()
9. 分片（或 Sharding）
10. 16 MB

10.3.5 简答题参考答案

1. 参考答案

索引在 MongoDB 中用于提高查询效率，通过在一个或多个字段上创建索引，MongoDB 可以快速定位到特定的文档，而不需要扫描整个集合。

2. 参考答案

副本集是 MongoDB 提供的一种数据复制和高可用性机制，它允许将数据复制到多个服务器上。在副本集中，有一个主节点负责处理客户端的写操作，而其他副本节点可以用于读操作或作为主节点的热备份。

3. 参考答案

分片是 MongoDB 中的一种数据分布策略，它允许将数据分布在多个服务器上，从而提高大规模数据集的处理能力和查询效率。通过分片键，MongoDB 可以将数据均匀地分配到不同的分片中。

4. 参考答案

聚合框架是 MongoDB 提供的一种强大的数据分析工具，它允许用户执行复杂的数据处理和转换操作，如分组、排序、过滤等。

5. 参考答案

GridFS 是 MongoDB 中用于存储和检索大型文件（如视频、图片）的机制。它将大文件分割成多个小块存储，允许高效地存取大文件。

6. 参考答案

MongoDB 通过副本集实现数据的高可用性，当主节点发生故障时，副本集会自动选举出新的主节点，确保服务的连续性。

7. 参考答案

文档引用通过存储其他文档的_id 来关联文档，适合关联的数据量大或数据经常变化的情况；嵌入文档是将一个文档直接存储在另一个文档内部，适合关联的数据量小且查询效率要求高的情况。

8．参考答案

读偏好（Read Preference）在 MongoDB 中用于控制如何从副本集中选择节点来读取数据。这允许开发者基于应用的性能和一致性需求来优化读操作。例如，可以设置读偏好以优先从主节点读取数据，从而保证数据是最新的；或者从最近的副本节点读取数据，以降低延迟。读偏好的正确设置对于分布式应用的性能和用户体验至关重要。

10.3.6 应用题参考答案

1．参考答案

（1）图书信息存储在 books 集合中，主要字段包括 bookId、title、author、price 和 category。

（2）用户信息存储在 users 集合中，主要字段包括 userId、username、email 和 password。

（3）购买记录存储在 purchases 集合中，主要字段包括 purchaseId、userId、bookId、quantity、amount 和 purchaseDate。

考虑使用引用来链接 users 集合和 purchases 集合，并在 purchases 集合中存储 bookId 来关联 books 集合。

2．参考答案

（1）posts 集合用于存储帖子，主要字段包括 postId、userId、content、postDate。

（2）comments 集合用于存储评论，主要字段包括 commentId、postId、userId、comment、commentDate。

（3）follows 集合用于存储用户之间的关注关系，主要字段包括 followerId 和 followingId。

3．参考答案

可以考虑在 posts 集合中嵌入评论以优化查询性能，但需要注意嵌入文档的大小限制。

（1）在 posts 集合的 postDate 字段上创建索引，以优化按时间排序的查询。

（2）在 posts 集合的 userId 字段上创建索引，以优化对特定用户帖子的查询。

4．参考答案

MongoDB 的聚合查询命令如下。

```
db.purchases.aggregate([
  { $group: { _id: "$userId", averageAmount: { $avg: "$amount" } } }
])
```

这个聚合查询会按 userId 分组，并计算每个用户的平均购买金额。

5．参考答案

使用 mongodump 和 mongorestore 工具进行备份和恢复。

优点：操作简单，可以针对整个数据库或特定集合进行备份和恢复。

缺点：备份时可能会影响数据库性能，恢复时需要注意数据的一致性和完整性。

10.4 实验 6：熟悉常用的 MongoDB 操作

10.4.1 实验目的

（1）掌握 MongoDB 的安装与配置方法。

（2）理解 MongoDB 数据模型的设计原则，包括文档结构、集合设计、规范化与反规范化、索引设计等，并应用于实际系统。

（3）熟练使用 MongoDB Shell 命令操作数据库。

（4）掌握利用 Java API 操作 MongoDB 的方法。

10.4.2 实验平台

（1）操作系统：Windows 7 及以上。

（2）MongoDB 版本：6.0.4。

（3）JDK 版本：1.8。

（4）Java IDE：Eclipse。

10.4.3 实验内容

1. 数据模型设计

针对学生管理系统设计两个基础的文档结构：学生集合（students）、课程集合（courses）。

【参考答案】

以下是相应的数据模型设计。

（1）学生集合（students）。

```
{
  "_id": ObjectId("..."),
  "name": "Xiaoming",
  "age": 21,
  "major": "Computer Science",
  "courses": [
    {
      "course_id": ObjectId("..."),
      "course_name": "Database Systems",
      "grade": "A"
    },
    {
      "course_id": ObjectId("..."),
      "course_name": "Data Structures",
      "grade": "B"
    }
  ]
}
```

（2）课程集合（courses）。

```
{
  "_id": ObjectId("..."),
  "course_name": "Database Systems",
  "instructor": "Dr. Zhang",
  "credits": 3
}
```

2. 使用 MongoDB Shell 命令进行基本操作

使用 MongoDB Shell 命令完成以下任务。

（1）列出 MongoDB 指定文档的相关信息，如查询特定条件的学生记录。

（2）在终端输出所有学生记录。

（3）更新某个学生的记录。

（4）删除某个学生的记录。

【参考答案】

注意，下列步骤并非和任务的编号一一对应，但完成了规定的所有任务。

（1）进入 MongoDB Shell。

首先，确保安装并启动了 MongoDB 服务器。然后打开一个命令提示符窗口，输入以下命令启动 MongoDB Shell。

```
mongosh
```

（2）创建数据库和集合。

在 MongoDB Shell 中创建一个名为“school”的数据库，并在其中创建一个名为“students”的集合，命令如下。

```
use school
db.createCollection("students")
```

（3）插入文档。

向 students 集合中插入一些学生记录，命令如下。

```
db.students.insertMany([
  { name: "Xiaoming", age: 21, major: "Computer Science" },
  { name: "Xiaohong", age: 22, major: "Mathematics" },
  { name: "Xiaogang", age: 23, major: "Physics" }
])
```

（4）查询文档。

查询所有学生记录，命令如下。

```
db.students.find().pretty()
```

查询特定条件的学生记录，如年龄大于 21 岁的学生的记录，命令如下。

```
db.students.find({ age: { $gt: 21 } }).pretty()
```

（5）更新文档。

更新某个学生的专业，例如将 Xiaoming 的专业改为“Data Science”，命令如下。

```
db.students.updateOne(
  { name: "Xiaoming" },
  { $set: { major: "Data Science" } }
)
```

（6）删除文档。

删除某个学生的记录，如删除名字为“Xiaohong”的学生的记录，命令如下。

```
db.students.deleteOne({ name: "Xiaohong" })
```

（7）删除集合和数据库。

删除 students 集合、courses 集合和 school 数据库，命令如下。

```
db.students.drop()
db.courses.drop()
db.dropDatabase("school")
```

3. 使用Java API操作MongoDB

用 Java API 编程完成以下任务。

（1）列出 MongoDB 指定文档的相关信息，如查询特定条件的学生记录。

（2）在终端输出所有学生记录。

（3）更新某个学生的记录。

（4）删除某个学生的记录。

【参考答案】

首先，按照《数据库系统原理（微课版）》第 10 章“文档数据库 MongoDB”的“10.7 Java API 编程实例”这一节内容设置开发环境。

然后，编写 Java 代码实现数据的增、删、改、查操作。完整的 Java 代码如下。

```
import com.mongodb.client.*;
import com.mongodb.client.model.Filters;
import com.mongodb.client.model.Updates;
import org.bson.Document;
import org.bson.conversions.Bson;
import java.util.Arrays;
import org.bson.types.ObjectId;

public class MongoDBExample {
    public static void main(String[] args) {
        // 连接到 MongoDB 服务器
        String uri = "mongodb://localhost:27017";
        MongoClient mongoClient = MongoClients.create(uri);

        // 选择数据库
        MongoDatabase database = mongoClient.getDatabase("school");

        // 创建集合
        MongoCollection<Document> studentsCollection =
database.getCollection("students");
        MongoCollection<Document> coursesCollection =
database.getCollection("courses");

        // 插入文档
        Document student1 = new Document("name", "Xiaoming")
                .append("age", 21)
                .append("major", "Computer Science")
                .append("courses", Arrays.asList(
                        new Document("course_id", new ObjectId())
                                .append("course_name", "Database Systems")
                                .append("grade", "A"),
                        new Document("course_id", new ObjectId())
                                .append("course_name", "Data Structures")
                                .append("grade", "B")
                ));

        Document student2 = new Document("name", "Xiaohong")
```

```
                .append("age", 22)
                .append("major", "Mathematics")
                .append("courses", Arrays.asList(
                        new Document("course_id", new ObjectId())
                                .append("course_name", "Calculus")
                                .append("grade", "A")
                ));

        Document student3 = new Document("name", "Xiaogang")
                .append("age", 23)
                .append("major", "Physics")
                .append("courses", Arrays.asList(
                        new Document("course_id", new ObjectId())
                                .append("course_name", "Quantum Mechanics")
                                .append("grade", "B")
                ));

        studentsCollection.insertMany(Arrays.asList(student1, student2,
student3));
        System.out.println("Students inserted successfully");

        Document course1 = new Document("course_name", "Database Systems")
                .append("instructor", "Dr. Zhang")
                .append("credits", 3);

        Document course2 = new Document("course_name", "Data Structures")
                .append("instructor", "Dr. Li")
                .append("credits", 3);

        Document course3 = new Document("course_name", "Calculus")
                .append("instructor", "Dr. Wang")
                .append("credits", 4);

        Document course4 = new Document("course_name", "Quantum Mechanics")
                .append("instructor", "Dr. Liu")
                .append("credits", 3);

        coursesCollection.insertMany(Arrays.asList(course1, course2,
course3, course4));
        System.out.println("Courses inserted successfully");

        // 查询文档
        FindIterable<Document> students = studentsCollection.find();
        for (Document student : students) {
            System.out.println(student.toJson());
        }

        // 查询特定条件的文档
        Bson filter = Filters.gt("age", 21);
        FindIterable<Document> filteredStudents = studentsCollection.
```

```
find(filter);
            for (Document student : filteredStudents) {
                System.out.println(student.toJson());
            }

            // 更新文档
            Bson updateFilter = Filters.eq("name", "Xiaoming");
            Bson updateOperation = Updates.set("major", "Data Science");
            studentsCollection.updateOne(updateFilter, updateOperation);
            System.out.println("Document updated successfully");

            // 删除文档
            Bson deleteFilter = Filters.eq("name", "Xiaohong");
            studentsCollection.deleteOne(deleteFilter);
            System.out.println("Document deleted successfully");

            // 删除集合
            studentsCollection.drop();
            coursesCollection.drop();
            System.out.println("Collections dropped successfully");

            // 关闭连接
            mongoClient.close();
        }
    }
```

10.5 本章小结

本章围绕文档数据库 MongoDB 的基础知识与核心特性展开，通过单选题、多选题、判断题等题型，帮助读者深入理解 MongoDB 的文档模型、索引机制及其在大规模数据处理中的应用。通过对 MongoDB 复制机制、分片机制和聚合框架的探讨，读者能够掌握其在分布式环境中的高可用性和水平扩展能力。此外，本章还设置了应用题，要求读者在实际场景中应用 MongoDB 的数据模型设计与优化技术。

第 11 章 键值数据库 Redis

远程字典服务（Remote Dictionary Server，Redis）是一个开源的、使用 C 语言编写的、支持网络、可基于内存亦可持久化的日志型键值数据库（键值对非关系数据库），提供了多种语言的 API 接口。Redis 在部分场景下可以对关系数据库起到很好的补充作用。《数据库系统原理（微课版）》第 11 章“键值数据库 Redis”介绍了 Redis 的特点、应用场景和操作方法。

11.1 基本知识点

《数据库系统原理（微课版）》第 11 章需要了解和掌握的知识点具体如下。

- 掌握 Redis 的基本概念，并了解 Redis 的特点以及应用场景等。
- 掌握 Redis 的 5 种主要数据类型，即 String（字符串）、List（列表）、Set（集合）、Zset（有序集合）和 Hash（哈希表）的使用场景和操作方法。
- 掌握 Redis 的安装与配置，并熟练使用 Redis Shell 命令操作数据库。
- 掌握利用 Java API 操作 Redis 的方法，并实现 Redis 持久化操作。

11.2 习题

11.2.1 单选题

1. Redis 是一种什么类型的数据库？（　　）
   A. 关系数据库　B. 非关系数据库　C. 图数据库　D. 文档数据库
2. Redis 使用什么来存储数据？（　　）
   A. 关系表　B. 键值对　C. JSON 文档　D. 图
3. Redis 如何进行数据持久化？（　　）
   A. 使用内存　B. 使用磁盘　C. 使用缓存　D. 使用显存
4. Redis 的数据库索引是如何定义的？（　　）
   A. 唯一的　B. 自增的　C. 用户自定义的　D. 所有上述

5. Redis 中键的过期时间是通过什么设置的？（　　）
   A. EXPIRE 命令　B. TTL 命令　C. PERSIST 命令　D. SET 命令
6. Redis 支持的数据类型不包括以下哪一种？（　　）
   A. 字符串　B. 列表　C. 关系表　D. 集合
7. Redis 的值可以是什么类型的数据？（　　）
   A. 只能是字符串
   B. 只能是数字
   C. 字符串（String）、列表（List）、集合（Set）、有序集合（Zset）和哈希表（Hash）
   D. 任意类型的数据
8. 关于 Redis 中键的类型，以下哪个说法是正确的？（　　）
   A. 键只能是字符串类型
   B. 键可以是任意类型的数据
   C. 键的类型取决于其关联的值的类型
   D. 键的类型在创建时固定，不能更改
9. Redis 支持以下哪种数据结构的排序？（　　）
   A. 字符串　B. 列表　C. 有序集合　D. 哈希表
10. Redis 中列表类型的元素有什么特性？（　　）
   A. 可以是任何类型的数据　B. 数据类型必须相同
   C. 不可以重复　D. 自动排序

11.2.2　多选题

1. Redis 支持哪些主要的数据结构？（　　）
   A. 字符串　B. 列表　C. 集合
   D. 哈希表　E. 有序集合
2. Redis 支持哪些编程语言的客户端？（　　）
   A. Java　B. Python　C. C#　D. Ruby
3. Redis 的字符串类型可以存储哪些类型的数据？（　　）
   A. 普通字符串　B. 整型　C. 集合　D. 浮点型
4. 关于 Redis 中的字符串操作命令，以下哪些说法是正确的？（　　）
   A. SET key value 用于设置指定的 key 值　B. GET key 用于获取指定 key 的值
   C. DEL key 用于删除指定的 key　D. INCR key 用于将 key 对应的值加 1
5. 以下哪些说法是正确的？（　　）
   A. LPUSH key value 用于在列表左侧插入值
   B. RPOP key 用于移除并获取列表右侧的元素
   C. LRANGE key start stop 用于获取列表指定范围内的元素
   D. SADD key member 用于向列表添加成员

11.2.3　判断题

1. Redis 是一个关系数据库管理系统。（　　）

2. Redis 支持数据持久化，并且提供了 RDB 和 AOF 两种持久化方式。(　　)
3. Redis 的键只能是字符串类型。(　　)
4. Redis 是单线程的，因此不适合处理大量并发读写请求。(　　)
5. Redis 提供了发布/订阅功能，允许用户创建频道并发送/接收消息。(　　)
6. Redis 的事务功能提供了回滚机制。(　　)
7. Redis 支持多种数据结构，包括字符串、哈希表、列表、集合和有序集合。(　　)
8. Redis 的哈希表中，每个字段必须是唯一的。(　　)
9. Redis 的列表是双向链表实现的，可以在头部和尾部进行插入和删除操作。(　　)
10. Redis 的集合是无序的，不允许有重复元素。(　　)

11.2.4 填空题

1. Redis 是一个开源的________数据库，它遵守________协议。
2. Redis 支持多种数据结构，包括字符串、列表、集合、哈希表和________。
3. Redis 的持久化机制是通过将数据写入________来实现的。
4. Redis 不仅支持简单的键值对类型的数据，还提供对________、________、________、________及________等数据结构的存储。
5. Redis 的所有操作都是________的，意思是要么成功执行，要么失败完全不执行。
6. 从 Redis 列表的右侧删除并返回元素的命令是________。
7. Redis 的________命令用于将键值对添加到数据库中，如果键已存在，则更新其值。
8. Redis 的________命令用于在列表的头部或尾部插入一个或多个值。
9. 若需删除 Redis 中的某个键值对，应使用命令________。
10. 若想获取 Redis 中某个键对应的值，应使用命令________。

11.2.5 简答题

1. 简述 Redis 是什么。
2. 列举 Redis 支持的几种主要数据结构，并简要描述它们。
3. Redis 主要有哪些应用场景？
4. Redis 有什么特点？
5. 使用 Redis 的 SET 命令和 GET 命令，设置键 username 的值为 JohnDoe，然后获取这个键的值，请提供相应的操作代码。
6. 使用 LPUSH 命令将值 item1 插入列表 mylist 的头部，使用 RPUSH 命令将值 item2 插入列表 mylist 的尾部，并获取列表 mylist 中的前 3 个元素。请提供相应的操作代码。

11.3 习题答案与解析

11.3.1 单选题答案与解析

1. 答案：B

解析：Redis 是非关系数据库，它使用键值对来存储数据，而不是像关系数据库那样使用表格和行来存储数据。

2. 答案：B

解析：Redis 是一个基于内存的键值数据库，它使用键值对来存储数据。每个数据项都由一个键和一个值组成，可以通过键来快速查找和获取对应的值。

3. 答案：B

解析：使用内存并不是数据持久化的方式，因为内存中的数据在服务器重启后会丢失。缓存和显存也不是 Redis 进行数据持久化的直接方式。缓存通常用于临时存储数据，而显存主要用于图形处理，与 Redis 的数据持久化不直接相关。

4. 答案：C

解析：Redis 的数据库索引是用户自定义的，用户可以根据需要选择特定的数据库进行操作。

5. 答案：A

解析：在 Redis 中，可以使用 EXPIRE 命令为键设置过期时间，当键到期后，它将自动删除。

6. 答案：C

解析：Redis 支持的数据类型包括字符串（String）、列表（List）、集合（Set）、有序集合（Zset）和哈希表（Hash），但不包括关系表（Relational Table）。

7. 答案：C

解析：在 Redis 中，值可以是字符串、列表、集合、有序集合和哈希表等类型的数据。

8. 答案：A

解析：在 Redis 中，键必须是字符串类型。

9. 答案：C

解析：在 Redis 中，有序集合（Zset）是一种可以存储任何类型的数据且元素不重复的数据结构，其元素按照分数进行排序。

10. 答案：B

解析：元素必须为相同的数据类型。Redis 的列表类型可以存储任何类型的数据，但列表中元素的数据类型必须相同。

11.3.2 多选题答案与解析

1. 答案：A、B、C、D、E

解析：Redis 支持的主要数据结构包括字符串、列表、集合、有序集合、哈希表；除了上述主要的数据结构，Redis 还支持一些特殊的数据结构（如位图、HyperLogLog 以及地理空间索引等），用于满足特定的应用需求。这些数据结构使 Redis 能够灵活应对各种应用场景，无论是简单的键值存储，还是复杂的数据操作和分析，Redis 都能提供高效的解决方案。

2. 答案：A、B、C、D

解析：Redis 支持多种编程语言的客户端，包括但不限于 Java、Python、C#、Ruby、PHP 等，这些客户端库都提供了对 Redis 操作的封装，使开发者能够更方便地在不同编程语言的客户端中操作 Redis。

3. 答案：A、B、C、D

解析：Redis 的字符串类型非常灵活，它可以存储多种类型的数据。具体来说，Redis 的字符串类型可以存储任何类型的数据，包括但不限于普通字符串、整型、集合、浮点型等。

4. 答案：A、B、C、D

解析：4 个选项都是正确的，SET 用于设置 key 的值，GET 用于获取 key 的值，DEL 用于删除 key，INCR 用于将 key 对应的值加 1。

5. 答案：A、B、C

解析：LPUSH、RPOP 和 LRANGE 都是 Redis 中用于操作列表的命令。LPUSH 用于在列表左侧插入值，RPOP 用于移除并获取列表右侧的元素，LRANGE 用于获取列表指定范围内的元素。SADD 是用于操作集合的命令，不属于列表操作命令。

11.3.3 判断题答案与解析

1. 答案：（×）

解析：Redis 是一个内存中的数据结构存储系统，不是关系数据库管理系统。

2. 答案：（√）

3. 答案：（√）

解析：Redis 的键必须是字符串类型。但字符串可存储二进制数据。

4. 答案：（×）

解析：Redis 虽然是单线程的，但由于其高效的内存操作和事件驱动的设计，可用于处理大量的并发读写请求。

5. 答案：（√）

6. 答案：（×）

解析：Redis 的操作是原子性的，但是 Redis 的事务功能不支持回滚。

7. 答案：（√）

8. 答案：（√）

9. 答案：（√）

10. 答案：（√）

11.3.4 填空题答案

1. 键值，BSD
2. 有序集合
3. 磁盘
4. List、Set、Zset、Hash、String
5. 原子性
6. RPOP
7. SET
8. LPUSH/RPUSH
9. DEL
10. GET

11.3.5 简答题答案与解析

1. 参考答案

Redis 是一个开源的、使用 C 语言编写、支持网络、可基于内存亦可持久化的日志型键值数据库，并且提供多种语言的 API。它是一个高性能的键值数据库，通常被称为远程字典服务，是许多应用程序的首选数据存储解决方案。

2. 参考答案

Redis 支持的主要数据类型如下。

（1）字符串（String）：最基本的数据类型，可以用来存储任何数据，如数字、字符串等。

（2）列表（List）：简单的字符串列表，按照插入顺序排列。可以添加一个元素到头部（左边）或者尾部（右边）。

（3）集合（Set）：String 类型的无序集合。集合成员是唯一的，这就意味着集合中不能出现重复的数据。

（4）有序集合（Zset）：和 Set 一样，是 String 类型元素的集合，不允许有重复的成员。不同的是每个元素都会关联一个 Double 类型的分数。Redis 通过分数来对集合中的成员进行从小到大的排序。

（5）哈希表（Hash）：键值对的集合，是一个 String 类型的键和值的映射表。

3. 参考答案

Redis 的主要应用场景如下。

（1）缓存：通过将热门数据缓存到 Redis 中，可以有效减轻数据库的压力，提高系统的访问速度。

（2）实时统计点赞数：通过使用 Redis 的 INCR 命令和 DECR 命令，可以实现对数字类型的数据进行原子性的加减操作。

（3）朋友圈点赞：除了要统计点赞数量，还要记录谁给谁点了赞。

（4）热门推荐：推荐内容可以用列表的形式存入 Redis，以提高访问效率等。

4. 参考答案

Redis 具有以下几个特点。

（1）Redis 的数据存放在内存中，使用 C 语言编写，在性能上有较明显的优势。

（2）Redis 支持的数据类型非常丰富，包括字符串、列表、集合、有序集合和哈希表等。

（3）Redis 提供了丰富的功能，可以作为缓存系统、队列系统等。

（4）Redis 具有直观的存储结构，并且提供了几十种不同编程语言的客户端库，使得通过程序与 Redis 进行交互十分简单。

（5）Redis 运行在内存中，但是可以将数据持久化到磁盘，防止数据丢失。即使 Redis 重启，也可以从磁盘中恢复数据。

（6）Redis 提供原子性操作，并实现了主从同步，可以实现数据的备份和故障恢复。

5. 参考答案

（1）打开 Redis 的命令行界面。

在命令提示符窗口中输入并执行 redis-cli，进入 Redis 的命令行界面，使用 SET 命令来设置键的值。

```
SET username JohnDoe
```

Redis 返回 OK，表示设置操作已成功完成。

（2）获取 username 键的值。

可以使用 GET 命令来获取 username 键的值。

```
GET username
```

Redis 返回 JohnDoe，这是 username 键的当前值。

6. 参考答案

以下是在 Redis 命令行界面中执行相关操作的代码。

```
# 使用 LPUSH 命令将值 item1 插入列表 mylist 的头部
LPUSH mylist item1
# 使用 RPUSH 命令将值 item2 插入列表 mylist 的尾部
RPUSH mylist item2
# 获取列表 mylist 中的前 3 个元素
LRANGE mylist 0 2
```

LPUSH 命令将 item1 插入 mylist 的头部，RPUSH 命令将 item2 插入 mylist 的尾部。然后，LRANGE 命令返回列表 mylist 中索引为 0 到 2 的元素（即前 3 个元素）。注意，Redis 的列表索引是从 0 开始的。

这些命令执行后，列表 mylist 中的元素顺序应该是 item1、item2（假设没有其他元素）。"LRANGE mylist 0 2" 将返回这个列表中的前两个元素，即 item1 和 item2。如果列表中的元素超过 3 个，LRANGE 命令只会返回请求的前 3 个元素。如果列表中的元素不超过 3 个，LRANGE 命令将返回列表中的所有元素。

11.4 实验 7：熟悉常用的 Redis 操作

11.4.1 实验目的

（1）掌握 Redis 的安装与配置。

（2）理解 Redis 键值对设计原则，并应用于实际系统。

（3）熟练使用 Redis Shell 命令操作数据库。

（4）掌握利用 Java API 操作 Redis 的方法。

（5）掌握实现 Redis 持久化操作的方法。

11.4.2 实验平台

（1）操作系统：Windows 7 及以上。

（2）Redis 版本：7.0.8。

（3）JDK 版本：1.8。

（4）Java IDE：Eclipse。

11.4.3 实验内容

1. Reids 的安装与配置

Redis 详细的安装及配置过程请参考理论教材《数据库系统原理（微课版）》11.3 节"安装 Redis"。

2. Redis 键值对设计

通过设计并实现 Redis 的键值对存储结构，深入理解 Redis 的数据模型，掌握 Redis

的基本数据结构和操作方式，并能够在图书借阅系统的背景下应用相关知识。同时，在键的设计方面，键应该具有描述性，尽量简洁，避免过长的键名，可以使用冒号分隔不同部分；在值的设计方面，需要根据数据的特点选择合适的数据类型，如字符串、哈希表、列表、集合、有序集合等；Redis 是内存数据库，应避免存储过大的值或复杂的数据结构。

针对图书借阅系统，设计 3 个基础表格（图书信息表、借阅记录表和用户信息表）的键值对结构。

【参考答案】

（1）图书信息表（Book）：键设计为 book:<book_id>，其中<book_id>是图书的唯一标识符；值设计为由哈希表（Hash）结构存储的图书详细信息，如标题、作者、ISBN 等。键值对结构设计如下。

```
key: "book:<book_id>"
value: {
  "title": "<book_title>",
  "author": "<author_name>",
  "isbn": "<isbn>"
}
```

输入以下命令操作数据。

```
HSET book:001 title "Harry Potter and the Sorcerer's Stone" author "J.K. Rowling" isbn "9780553573403"
HSET book:002 title "To Kill a Mockingbird" author "Harper Lee" isbn "9780061120084"
HSET book:003 title "1984" author "George Orwell" isbn "9780451524935"
HSET book:004 title "Pride and Prejudice" author "Jane Austen" isbn "9780141439146"
HSET book:005 title "The Great Gatsby" author "F. Scott Fitzgerald" isbn "9780743273565"
HSET book:006 title "The Hobbit" author "J.R.R. Tolkien" isbn "9780007139184"
HSET book:007 title "The Catcher in the Rye" author "J.D. Salinger" isbn "9780394708369"
HSET book:008 title "The Alchemist" author "Paulo Coelho" isbn "9780060935833"
# 查询图书信息
HGETALL book:001  # 查询"Harry Potter and the Sorcerer's Stone"的信息
HGETALL book:004  # 查询"Pride and Prejudice"的信息
# 以此类推查询其他图书信息
```

（2）借阅记录表（Borrow_Record）：在键的设计方面，可以设计为结合了用户编号和借阅记录编号的字符串，以确保每个借阅记录的唯一性。borrow_record 是一个固定的前缀，用于标识这是一个借阅记录，<user_id>是用户的唯一标识符，<borrow_record_id>是借阅记录的唯一标识符，可以是自增的编号或者基于时间戳和其他信息的组合。值将设计为由哈希表（Hash）结构存储的借阅记录具体信息，每个 field 对应借阅记录的一个属性，而对应的 value 则是该属性的值。book_id 代表图书的唯一标识符，user_id 代表借阅用户的唯一标识符，borrow_time 代表借阅时间，可以是时间戳或 ISO 日期时间格式，return_time 代表归还时间，如果未归还则为空或未来时间戳，status 代表借阅状态，例如"borrowed"（已借阅）、"returned"（已归还）等。键值对结构设计如下。

```
key: borrow_record:<user_id>:<borrow_record_id>
value: {
  "book_id": "<book_id>",
  "user_id": "<user_id>",
  "borrow_time": "<borrow_time>"
  "return_time":"<return_time>"
  "status":"<status>"
}
```

输入以下命令操作数据。

```
#插入借阅记录
HSET borrow_record:U001:001 book_id 001 user_id U001 borrow_time "2023-10-23
10:00:00" return_time "" status "borrowed"
HSET borrow_record:U001:002 book_id 003 user_id U001 borrow_time "2024-09-22
10:00:00" return_time "" status "borrowed"
HSET borrow_record:U001:003 book_id 005 user_id U001 borrow_time "2022-11-03
10:00:00" return_time "" status "borrowed"
HSET borrow_record:U002:004 book_id 006 user_id U002 borrow_time "2023-10-23
10:00:00" return_time "" status "borrowed"
HSET borrow_record:U001:005 book_id 004 user_id U001 borrow_time "2021-08-23
10:00:00" return_time "" status "borrowed"

#当用户归还图书时，需要更新 return_time 和 status 字段
HSET borrow_record:U001:001 return_time "2023-10-25 14:30:00" status
"returned"

#查询借阅记录
HGETALL borrow_record:U001:001

#删除借阅记录
DEL borrow_record:U001:001
```

（3）用户信息表（User）：键设计为 user:<user_id>，其中，<user_id>是用户的唯一标识符；值设计为由哈希表（Hash）结构存储的用户详细信息，如用户名、邮箱等。键值对结构设计如下。

```
key: "user:<user_id>"
value: {
  "name": "<user_name>",
  "email": "<email>"
}
```

输入以下命令操作数据。

```
# 添加用户信息
HSET user:001 name "John Doe" email "johndoe@example.com"
HSET user:002 name "Jane Smith" email "janesmith@example.com"
HSET user:003 name "Michael Johnson" email "michaeljohnson@example.com"
HSET user:004 name "Emily Davis" email "emilydavis@example.com"
HSET user:005 name "Daniel Brown" email "danielbrown@example.com"
HSET user:006 name "Olivia Wilson" email oliviawilson@example.com
# 查询用户信息
HGETALL user:001
HGETALL user:002
```

```
HGETALL user:003
HGETALL user:004
HGETALL user:005
HGETALL user:006
```

3. Redis Shell 命令和 Java 编程

使用 Redis Shell 命令完成以下任务，并用 Java 编程完成相同的任务。

（1）列出指定的键值对的相关信息，如图书的信息。

（2）在终端输出所有用户的借阅记录。

（3）添加用户信息以及相应的图书借阅记录。

（4）清空指定用户的所有借阅记录。

（5）统计所有图书的平均借阅次数。

【参考答案】

（1）连接 Redis。打开命令提示符窗口，使用如下命令连接到 Redis 服务器，进入 Redis 命令行界面。

```
redis-cli.exe -h 127.0.0.1 -p 6379
```

（2）列出指定的键值对的相关信息（如图书的信息），命令如下。

```
HGETALL book:001
```

（3）在终端输出所有用户的借阅记录。由于 Redis 不支持直接列出所有键的模式匹配，所以需要先获取所有借阅记录键，然后分别获取它们的值。这通常涉及编写脚本来遍历键空间，以下是一个简化操作的例子。

```
# 在终端输出所有用户的借阅记录

# 使用 SCAN 命令返回一个新的游标和一批以 "borrow_record:" 为前缀的键，每次最多返回
100 个键
SCAN 0 MATCH "borrow_record:*" COUNT 100

# 根据游标返回的值，依次查询相关的借阅记录
HGETALL borrow_record:U001:002
HGETALL borrow_record:U002:004
```

（4）添加用户信息以及相应的图书借阅记录，命令如下。

```
#添加用户信息
HSET user:007 name "John Bush" email "johnbush@example.com"

#添加相应的图书借阅记录
HSET borrow_record:U007:002 book_id 002 user_id 007 borrow_time "2023-10-24
11:00:00" return_time "" status "borrowed"
```

（5）清空指定用户的所有借阅记录。

首先需要知道该用户的所有借阅记录键，然后使用 DEL 命令来删除它们。由于 Redis 没有直接列出匹配键的命令，这通常需要在应用程序层面完成。以下是一个简化的例子。

```
# 使用 SCAN 命令返回一个新的游标和一批以 "borrow_record:" 为前缀的键，每次最多返回
100 个键
SCAN 0 MATCH "borrow_record:*" COUNT 100

# 根据游标返回的值，依次删除相关的借阅记录
DEL borrow_record:U007:002
```

（6）统计所有图书的平均借阅次数。

Redis 本身不直接支持计算平均值这样的聚合操作。要统计所有图书的平均借阅次数，需要检索所有借阅记录，并在应用程序层面计算每种图书的借阅次数，然后计算平均值。这通常涉及编写脚本来遍历所有的借阅记录，并跟踪每种图书的借阅次数。以下是一个使用 Redis Shell 命令的简单例子。

```
# 使用 KEYS 命令返回所有借阅记录的键，这相当于借阅总数
KEYS "borrow_record:*"
# 根据返回的键值对查询相关的借阅记录，获取 book_id，然后加入集合 book_id_set 中，再通过求集合的元素个数获取图书数量
HGETALL borrow_record:U001:001
HGET borrow_record:U001:001 book_id
SADD book_id_set 001
HGET borrow_record:U002:004 book_id
SADD book_id_set 006
# 以此类推，把分别查询到的图书编号 book_id 加入集合 book_id_set 中
SCARD book_id_set
# 借阅总数除以图书数量即平均借阅次数，由于 Redis 并没有直接提供数学运算（如加、减、乘、除）的内置命令，所以，这步除法操作需自己完成
```

（7）对于题目要求的任务，下面通过 Java API 操作 Redis 来实现。

添加依赖：在 Eclipse 中新建一个 Java 项目 RedisProj，在项目中添加 Jedis 库的依赖，Jedis 是一个流行的 Java Redis 客户端。如果使用 Maven，可以在 pom.xml 中添加以下依赖。

```
<!-- Maven dependency for Jedis -->
<dependency>
    <groupId>redis.clients</groupId>
    <artifactId>jedis</artifactId>
    <version>3.7.0</version> <!-- Use the latest version -->
</dependency>
```

或者，从 Maven 仓库中下载 Jedis 的 JAR 文件（版本要在 5.0 以上），然后将其复制到相应的 Java 项目的目录下，再在 Eclipse 的项目资源管理器中右击刚创建的 Java 项目 RedisProj，然后选择“Build Path”→“Add External Archives”，导航到 Jedis JAR 文件的位置，然后选中它并单击“Open”按钮，从而把 Jedis 库添加到项目 RedisProj 的构建路径中。

在项目 RedisProj 中新建代码文件 RedisClient.java，内容如下。

```
import redis.clients.jedis.Jedis;
import java.util.Map;
import java.util.Set;
import java.util.HashSet;

public class RedisClient {

    private static final String REDIS_HOST = "localhost";
    private static final int REDIS_PORT = 6379;

    // 1.列出指定的键值对的相关信息，如图书的信息
    public Map<String, String> getBookInfo(String bookId) {
        Jedis jedis = null;
```

```
            try {
                jedis = new Jedis(REDIS_HOST, REDIS_PORT);
                String key = "book:" + bookId;
                //输出 key 的值，仅供调试使用
                System.out.println(key);
                return jedis.hgetAll(key);
            } finally {
                if (jedis != null) {
                    jedis.close();
                }
            }
        }

        // 2.输出所有用户的借阅记录
        public void printAllBorrowRecords() {
            Jedis jedis = null;
            try {
                jedis = new Jedis(REDIS_HOST, REDIS_PORT);
                // 获取借阅记录的 key 集合
                Set<String> keys = jedis.keys("borrow_record:*");
                for (String userKey : keys) {
                  // 使用 hgetAll()获取借阅记录的 HashMap
                    Map<String, String> borrowRecord = jedis.hgetAll(userKey);
                    if (!borrowRecord.isEmpty()) {
                        System.out.println("Borrow records: ");
                        for (Map.Entry<String, String> entry : borrowRecord.
entrySet()) {
                            System.out.println("  " + entry.getKey() +
":" + entry.getValue());
                        }
                        System.out.println(); // 输出一个空行，以便分隔不同的
借阅记录
                    }
                }
            } finally {
                if (jedis != null) {
                    jedis.close();
                }
            }
        }
    // 3.添加借阅记录到 Redis
        public void addBorrowRecord(String userId, String bookId, String
borrow_record_id ,String borrowTime) {
            Jedis jedis = null;
            try {
                jedis = new Jedis(REDIS_HOST, REDIS_PORT);
                // 使用 Hash 类型存储借阅记录，key 为"borrow_record:<userId>:<
borrow_record_id >"
                String key = "borrow_record:" + userId + ":" + borrow_record_id;
                jedis.hset(key, "book_id", bookId);
```

```
            jedis.hset(key, "user_id", userId);
            jedis.hset(key, "return_time","");
            jedis.hset(key, "borrow_time", borrowTime);
            jedis.hset(key, "status","borrowed");
            // 如果还有其他字段，可以一并设置
            // 此处省略部分代码
            System.out.println("Borrow record added for user " +
userId +":"+ borrow_record_id+ " and book " + bookId);
        } finally {
            if (jedis != null) {
                jedis.close();
            }
        }
    }

  // 4.清空指定用户的所有借阅记录
    public void clearUserBorrowRecords(String userId) {
        Jedis jedis = null;
        try {
            jedis = new Jedis(REDIS_HOST, REDIS_PORT);
            Set<String> keys = jedis.keys("borrow_record:"+userId + ":*");
            for (String key : keys) {
                jedis.del(key);
                System.out.println("DELETE Borrow record added for
user " + userId +":"+key);
            }
        }finally {
            if (jedis != null) {
                jedis.close();
            }
        }

    }

    // 5.统计所有图书的平均借阅次数
    public double calculateAverageBorrowCount() {
        Jedis jedis = null;
        try {
            jedis = new Jedis(REDIS_HOST, REDIS_PORT);
            Set<String> keys = jedis.keys("borrow_record:*");
             int totalCount = 0;
             int bookCount = 0;
        //总的借阅数
        totalCount = keys.size();
        //计算图书数量
        Set<String> bookids = new HashSet<>();
        for (String key : keys) {
          // 获取图书编号
          // 使用 hgetAll()获取借阅记录的 HashMap
             Map<String, String> borrowRecord = jedis.hgetAll(key);
             if (!borrowRecord.isEmpty()) {
```

```
                    // 获取借阅记录中的book_id，加入bookids
                    if (borrowRecord.containsKey("book_id")) {
                        bookids.add(borrowRecord.get("book_id"));

                    }
                }
            }
            bookCount = bookids.size();
            System.out.print("平均借阅次数为: "+((totalCount == 0) ? 0 :
(double) totalCount / bookCount));
            return (totalCount == 0) ? 0 : (double) totalCount / bookCount;

        }finally {
            if (jedis != null) {
                jedis.close();
            }
        }



    }

    public static void main(String[] args) {
        RedisClient redisClient = new RedisClient();
        // 输出图书信息
        redisClient.getBookInfo("001");
        // 添加借阅记录
        redisClient.addBorrowRecord("U002","008","009","2024-02-27 09:39:22");
        // 以此类推，读者可以仿照上面一行代码自行添加其他借阅记录
        // 输出所有借阅记录
        redisClient.printAllBorrowRecords();
        // 清空用户 U002 的借阅记录
        //redisClient.clearUserBorrowRecords("U002");
        redisClient.calculateAverageBorrowCount();
    }
}
```

在 Eclipse 中编译运行以上代码文件就可以得到相应的结果。

4. 实现 Redis 持久化操作

当涉及 Redis 的持久化操作时，主要有两种策略：RDB（Redis DataBase）和 AOF（Append Only File）。这两种策略的目标都是在 Redis 服务器重启后恢复数据。请以 RDB 方式为例，阐述相关的具体操作。

【参考答案】

RDB 持久化通过创建当前内存数据的快照并将其保存到磁盘上来实现。当 Redis 需要重启时，它会加载这个快照文件来恢复数据。在 Redis 的安装目录下，找到配置文件 redis.conf，在其中找到与 RDB 持久化相关的配置部分，并进行相应设置，具体配置如下。

```
# 开启 RDB 持久化
save 900 1
```

```
save 300 10
save 60 10000

# RDB 文件的保存路径
dir ./

# RDB 文件的名称
dbfilename dump.rdb
```

上述配置的含义是：如果在900s内至少有1个键被修改，则执行一次RDB快照保存；如果在300s内至少有10个键被修改，也执行一次RDB快照保存；如果在60s内至少有10000个键被修改，同样执行一次RDB快照保存。

在Java中，也可以使用Jedis库来操作Redis。首先，确保已将Jedis添加到项目的依赖中。以下是一个简单的代码示例（代码文件为RedisPersistenceExample.java），展示如何在Java中操作Redis并实现持久化。

```
import redis.clients.jedis.Jedis;

public class RedisPersistenceExample {
    public static void main(String[] args) {
        // 创建 Jedis 对象，连接本地的 Redis 服务
        Jedis jedis = new Jedis("localhost");
        System.out.println("Connection to Redis server successfully");

        // 设置一些键值对
        jedis.set("book:1", "Java Programming");
        jedis.set("book:2", "Redis Persistence");
        jedis.hset("borrower:1", "name", "Alice");
        jedis.hset("borrower:1", "book", "book:1");

        // 执行 BGSAVE 命令触发 RDB 持久化（异步）
        String bgSaveResponse = jedis.bgsave();
        System.out.println("BGSAVE response: " + bgSaveResponse);

        // 关闭连接
        jedis.close();
    }
}
```

11.5 本章小结

Redis是一个开源的、基于内存的、使用C语言编写的键值数据库，可以用作数据库、缓存、消息中间件、分布式锁等，在互联网公司中被广泛应用。本章通过多样化的题型（如选择题、判断题、填空题与简答题）帮助读者深入了解Redis的特点，并熟练掌握其应用；实验7涵盖Redis键值对设计、使用Redis Shell命令操作数据库、利用Java API操作Redis，以及实现Redis的持久化操作。

第 12 章
云数据库

云数据库技术是当代数据管理和存储的革命性进步，正在全球范围内以其无与伦比的灵活性、可扩展性和高成本效益重塑企业和开发者对数据处理的认知。随着云计算的普及和技术的成熟，云数据库不仅成为支持现代应用开发的关键基础设施，满足了日益增长的对大数据量、复杂数据的处理需求以及对高可用性和灾难恢复能力的严格要求，而且通过提供灵活的数据存储解决方案、自动化的运维服务和无缝的扩展能力，极大地简化了数据库的管理工作。无论是支持从简单的数据存储和检索到复杂的数据分析和处理的关系数据库和 NoSQL 数据库，还是通过采用先进的安全技术和合规标准来确保数据的安全性和隐私保护，云数据库技术都使企业能够更专注于创新和业务增长。

《数据库系统原理（微课版）》第 12 章“云数据库”介绍了云数据库的概念、特性及其与其他数据库的关系，并以 UMP 系统为例介绍了云数据库系统架构。

12.1　基本知识点

《数据库系统原理（微课版）》第 12 章的学习重点是深入理解云数据库的基本概念和关键功能。需要掌握和了解的具体知识点如下。

- 掌握云数据库的定义以及它与传统关系数据库和本地部署数据库的区别。
- 了解不同类型的云数据库服务，包括公有云数据库、私有云数据库和混合云数据库，以及它们各自的优势和适用场景。
- 理解关系云数据库和 NoSQL 云数据库的特点，以及如何根据应用需求选择合适的数据库类型。
- 了解云数据库的主要特性，如数据的自动备份、灾难恢复、数据加密、访问控制和自动扩展等，这些特性确保了云数据库的高可用性、安全性和灵活性。

12.2 习题

12.2.1 单选题

1. 在云计算中，SaaS 代表什么？（　　）
   A. Software as a Service　　B. Storage as a Service
   C. Security as a Service　　D. System as a Service
2. 在云计算中，PaaS 代表什么？（　　）
   A. Platform as a Service　　B. Product as a Service
   C. Process as a Service　　D. Performance as a Service
3. 在云计算中，IaaS 代表什么？（　　）
   A. Infrastructure as a Service　　B. Information as a Service
   C. Integration as a Service　　D. Internet as a Service
4. 在云数据库中，数据的高可用性通常通过什么实现？（　　）
   A. 单一数据中心　　B. 多区域部署　　C. 本地备份　　D. 手动恢复
5. 云数据库的一个常见应用场景是什么？（　　）
   A. 本地文件存储　　B. 个人计算机备份
   C. 大规模数据分析　　D. 单用户应用程序
6. 云数据库通常通过什么方式计费？（　　）
   A. 固定费用　　B. 按使用量计费　　C. 免费　　D. 一次性购买

12.2.2 多选题

1. 以下哪些是常见的云服务提供商？（　　）
   A. Amazon Web Services（AWS）　　B. Google Cloud Platform（GCP）
   C. Microsoft Azure　　D. IBM Cloud
2. 在云数据库中，以下哪些是常见的服务模式？（　　）
   A. SaaS　　B. PaaS　　C. IaaS　　D. MaaS
3. 以下哪些是云数据库的常见应用场景？（　　）
   A. 大规模数据分析　　B. 个人计算机备份
   C. Web 应用程序　　D. 移动应用程序
4. 以下哪些是 Google Cloud Platform 提供的数据库服务？（　　）
   A. Cloud SQL　　B. Cloud Spanner　　C. Bigtable　　D. Firestore
5. 以下哪些是云数据库的安全措施？（　　）
   A. 数据加密　　B. 访问控制　　C. 数据备份　　D. 数据压缩
6. 以下哪些是云数据库面临的主要挑战？（　　）
   A. 数据安全　　B. 数据隐私　　C. 数据迁移　　D. 数据清洗

12.2.3 判断题

1. 云数据库的可扩展性比传统本地数据库差。（　　）

2. 所有云数据库服务都提供自动备份功能。(   )
3. 云数据库的高可用性通常通过多区域部署实现。(   )
4. 云数据库不支持关系模型。(   )
5. 云数据库的安全性完全由服务提供商负责，用户无须担心。(   )
6. 云数据库可以根据需求动态调整资源配置。(   )
7. 云数据库的性能完全不受网络延迟的影响。(   )
8. 云数据库可以用于大规模数据分析和处理。(   )
9. 云数据库不支持数据加密。(   )
10. 云数据库面临的一个主要挑战是数据迁移。(   )

12.2.4 填空题

1. 云数据库是一种基于________技术的数据库服务，通常由云服务提供商提供。

2. 在云数据库中，数据的存储和管理由________负责，用户无须关心底层硬件和软件的维护。

3. 云数据库的主要优势之一是________，用户可以根据需求动态调整资源配置。

4. 云数据库通常支持多种数据模型，包括关系数据库和________数据库。

5. 在云数据库中，数据的备份和恢复通常由________自动完成，确保数据的安全性和可用性。

6. 云数据库的性能优化通常通过________和负载均衡等技术实现。

7. 云数据库的访问控制通常通过________和权限管理等机制实现。

8. 在云数据库中，数据的传输通常采用________技术，确保数据在传输过程中的安全性。

9. 云数据库的高可用性通常通过________和自动故障转移等机制实现。

10. 云数据库的计费模式通常基于________和使用量等因素。

12.2.5 简答题

1. 简述云数据库的主要优势。
2. 简述云数据库的高可用性机制。
3. 解释云数据库中的数据分片技术。
4. 简述云数据库的自动扩展功能。
5. 解释云数据库的计费模式。
6. 简述云数据库的安全性措施。
7. 解释云数据库中的数据备份和恢复机制。
8. 简述云数据库的访问控制机制。

12.2.6 应用题

1. 假设你是一家初创公司的技术负责人，需要选择一个云数据库来支持公司的电商平台。请列出选择云数据库时需要考虑的主要因素，并解释每个因素的重要性。

2. 假设你的公司计划将数据从现有的本地数据库迁移到云数据库。请描述一个详细的数据迁移方案，包括准备工作、迁移步骤和迁移后的验证。

3. 假设你正在设计一个需要具备高可用性的云数据库系统。请描述你将采取哪些措施来确保系统的高可用性，并解释每个措施的作用。

4. 假设你的公司需要确保云数据库的安全性。请列出并解释你将采取的主要安全策略。

5. 假设你需要为云数据库系统设计一个数据备份和恢复方案。请描述备份的频率、存储位置和恢复步骤。

12.3 习题答案与解析

12.3.1 单选题答案与解析

1. 答案：A

解析：SaaS 即 Software as a Service（软件即服务）。它是一种将软件部署在云端服务器上，通过互联网向用户提供应用软件服务的模式。用户通常通过订阅的方式，按需支付服务费用，而无须购买、安装和运维软件及相关硬件。SaaS 服务商负责软件的维护、更新和安全防护，使用户能够随时随地通过网络访问最新版本的软件。

2. 答案：A

解析：PaaS 即 Platform as a Service（平台即服务），为开发者提供了一个完整的开发和部署平台，包括数据库服务等。在云计算中，PaaS 提供了数据库管理系统以及相关的开发工具和环境，使开发者可以更加专注于应用程序的开发，而无须关心底层的基础设施管理。

3. 答案：A

解析：IaaS 即 Infrastructure as a Service（基础设施即服务），提供基础的计算资源，如服务器、存储和网络等。在云数据库场景下，IaaS 可以为数据库的部署提供底层的基础设施支持，用户可以根据自己的需求选择不同的计算资源，实现灵活的资源配置。

4. 答案：B

解析：在云数据库中，数据的高可用性通常通过多区域部署实现。将数据复制到多个地理位置不同的区域，可以确保某个区域出现故障时，数据仍然可以从其他区域访问，提高了系统的可靠性和可用性。单一数据中心存在单点故障风险、本地备份和手动恢复不够及时和高效等问题。

5. 答案：C

解析：云数据库的一个常见应用场景是大规模数据分析。云数据库具有强大的存储和计算能力，可以处理大规模的数据，并支持复杂的数据分析任务。本地文件存储不是云数据库的主要用例，个人计算机备份通常使用专门的备份软件，单用户应用程序可以使用本地数据库或小型的云数据库服务，但不是常见的云数据库应用场景。

6. 答案：B

解析：云数据库通常按使用量计费。用户根据实际使用的资源（如存储容量、数据传输量、计算时间等）支付费用，这种计费方式更加灵活，可以根据业务需求的变化进行调整。固定费用不适合云数据库的弹性资源使用模式，免费的云数据库服务通常功能有限，一次性购买也不符合云数据库的服务特点。

12.3.2 多选题答案与解析

1. 答案：A、B、C、D

解析：Amazon Web Services（AWS）、Google Cloud Platform（GCP）、Microsoft Azure 和 IBM Cloud 都是常见的云服务提供商。这些云服务提供商提供了广泛的数据库服务，包括关系数据库、非关系数据库、云原生数据库等，满足不同用户的需求。它们具有强大的技术实力、高可用性和安全性，以及丰富的功能和灵活的计费模式。

2. 答案：A、B、C

解析：在云数据库中，常见的服务模式有 SaaS（软件即服务）、PaaS（平台即服务）和 IaaS（基础设施即服务）。SaaS 模式提供数据库管理软件的服务，用户可以通过网络直接使用。PaaS 提供开发和部署平台，包括数据库服务，方便开发者进行应用程序开发。IaaS 提供基础的计算资源，用户可以在上面部署自己的数据库。MaaS 不是云数据库的服务模式。

3. 答案：A、C、D

解析：云数据库的常见应用场景包括大规模数据分析、Web 应用程序和移动应用程序。大规模数据分析需要强大的存储和计算能力，云数据库可以提供弹性的资源扩展，满足数据分析的需求。Web 应用程序和移动应用程序可以利用云数据库的高可用性和可扩展性，快速响应用户需求，提升用户体验。个人计算机备份通常使用本地存储设备或专门的备份服务，不是云数据库的常见应用场景。

4. 答案：A、B、C、D

解析：Google Cloud Platform 提供了多种数据库服务，包括 Cloud SQL（关系数据库服务）、Cloud Spanner（全球分布式关系数据库）、Bigtable（非关系数据库）和 Firestore（文档数据库）。这些数据库服务具有不同的特点和适用场景，可以满足不同用户的需求。

5. 答案：A、B、C

解析：云数据库的安全措施包括数据加密，确保数据在传输和存储过程中的安全性，防止数据被窃取或篡改；访问控制，限制对数据库的访问权限，确保只有授权用户可以访问数据；数据备份，确保数据的可恢复性，在数据丢失或损坏时可以快速恢复数据。数据压缩主要是为了节省存储空间和提高数据传输效率，不是主要的安全措施。

6. 答案：A、B、C

解析：云数据库面临的主要挑战包括数据安全，确保数据在云端的保密性、完整性和可用性，防止数据被攻击或泄露；数据隐私，确保用户数据的隐私不被泄露，符合相关的法律法规要求；数据迁移，将数据从本地或其他云平台迁移到新的云数据库可能面临困难，需要考虑数据的兼容性、安全性和迁移成本。数据清洗不是云数据库面临的主要挑战。

12.3.3 判断题答案与解析

1. 答案：（×）

解析：云数据库通常具有比传统本地数据库更好的可扩展性，可以根据需求动态调整资源。

2. 答案：（×）

解析：虽然许多云数据库服务（如 AWS RDS、Google Cloud SQL）提供自动备份功能，但某些服务（如免费套餐或 IaaS 模式下的数据库）可能不支持自动备份，需用户手动配置备份策略。

3. 答案：（√）

解析：云数据库的高可用性通常通过多区域部署实现，以确保数据的可靠性和可用性。

4. 答案：（×）

解析：云数据库支持多种数据模型，包括关系模型和非关系模型。

5. 答案：（×）

解析：虽然服务提供商负责云数据库的安全性，但用户仍需采取措施保护数据安全，如设置访问控制和加密数据。

6. 答案：（√）

解析：云数据库可以根据需求动态调整资源配置，以满足不同的业务需求。

7. 答案：（×）

解析：云数据库的性能可能会受到网络延迟的影响，特别是在跨区域访问时。

8. 答案：（√）

解析：云数据库可以用于大规模数据分析和处理，提供高性能和高可用性。

9. 答案：（×）

解析：云数据库支持数据加密，以确保数据的安全性和隐私保护。

10. 答案：（√）

解析：数据迁移是云数据库面临的一个主要挑战，特别是将数据从本地数据库迁移到云数据库时。

12.3.4 填空题答案

1. 云计算
2. 云服务提供商
3. 弹性伸缩
4. NoSQL
5. 云服务提供商
6. 缓存
7. 身份验证
8. 加密
9. 数据冗余
10. 资源配置

12.3.5 简答题参考答案

1. 参考答案

云数据库的主要优势包括弹性伸缩、按需计费、高可用性、自动备份和恢复、全球分布以及运维成本相对较低等。用户可以根据需求动态调整资源配置，避免资源浪费。

2. 参考答案

云数据库的高可用性机制通常通过数据冗余、自动故障转移和多区域部署等技术实现。当一个节点发生故障时，系统会自动切换到备用节点，确保服务的连续性。

3. 参考答案

数据分片技术是将数据分布到多个物理节点上，以提高数据库的性能和扩展性。每个分片存储一部分数据，查询时可以并行处理多个分片的数据，从而提高查询效率。

4. 参考答案

云数据库的自动扩展功能允许系统根据负载情况自动增加或减少资源。例如，当访问量增加时，系统可以自动增加计算和存储资源，以应对高峰负载。

5. 参考答案

云数据库的计费模式通常基于资源使用量和时间。例如，用户可以按小时或按月支付计算和存储资源的费用，使用多少付多少，避免了传统数据库的高额前期投入。

6. 参考答案

云数据库的安全性措施包括数据加密、身份验证、访问控制、网络隔离和安全审计等。数据在传输和存储过程中都进行加密，确保数据的机密性和完整性。

7. 参考答案

云数据库通常提供自动备份和恢复功能，定期对数据进行备份，能在数据丢失或损坏时快速恢复。用户也可以手动触发备份和恢复操作。

8. 参考答案

云数据库的访问控制机制通过身份验证和权限管理来实现。用户需要通过身份验证才能访问数据库，并且只能执行被授权的操作，确保数据的安全性和合规性。

12.3.6 应用题参考答案

1. 参考答案

在选择云数据库时，需要考虑以下主要因素。

（1）性能和可扩展性：确保数据库能够处理高并发和大规模的数据。性能和可扩展性是云数据库的核心要求，特别是对于需要处理大量用户请求和交易数据的电商平台，选择一个能够自动扩展资源的云数据库，可以确保其在高峰期也能保持良好的性能。

（2）成本：评估数据库的定价模型，选择性价比高的方案。初创公司通常预算有限，因此选择一个按需计费的云数据库，根据实际使用量付费，可以避免不必要的开销。

（3）安全性：确保数据库提供强大的安全措施，如数据加密和访问控制。电商平台涉及用户的敏感信息和支付数据，必须确保数据在传输和存储过程中的安全性，防止数据泄露和未经授权的访问。

（4）高可用性：确保数据库具有自动故障转移和数据冗余功能。高可用性是电商平台的关键要求，任何停机情况都会导致收入损失和用户体验下降。选择一个具有高可用性架构的云数据库，可以确保服务的连续性。

（5）兼容性：确保数据库与现有系统和应用程序兼容。选择一个与现有技术栈兼容的云数据库，可以降低迁移和集成的复杂性，确保系统的平稳过渡。

（6）支持和服务：选择提供良好技术支持和服务的供应商。初创公司通常技术团队有限，选择一个提供 24/7 技术支持和专业服务的云数据库供应商，可以在遇到问题时及时获得帮助，确保系统的稳定运行。

2. 参考答案

数据迁移方案包括以下步骤。

（1）准备工作。

- 评估现有数据库：了解现有数据库的结构、数据量和性能要求，选择合适的云数据库服务。
- 制订迁移计划：确定迁移的时间表和步骤，确保迁移对业务的影响最小。
- 备份现有数据：在迁移前对现有数据库进行全面备份，确保在迁移过程中出现问题时可以恢复数据。

（2）迁移操作。

- 设置云数据库环境：在云服务提供商的平台上创建目标数据库实例，配置网络、安全和访问控制等设置。
- 数据迁移：使用数据迁移工具将数据从本地数据库导入云数据库。可以选择在线迁移或离线迁移，具体根据数据量和业务需求确定。
- 应用程序迁移：修改应用程序的数据库连接配置，确保应用程序能够连接到新的云数据库。进行必要的代码调整，确保兼容性。

（3）迁移后的验证。

- 验证数据完整性和一致性：对比迁移前后的数据，确保数据没有丢失或损坏。
- 性能测试：进行性能测试，确保云数据库的性能（包括读写性能、并发处理能力和响应时间等）满足业务需求。
- 监控系统：配置监控工具，实时监控云数据库的运行状态，确保没有出现与迁移相关的问题。配置告警机制，以便及时发现和处理潜在问题。

3. 参考答案

为确保云数据库系统的高可用性，可以采取以下措施。

（1）数据冗余：通过多副本存储确保数据的高可用性。每个数据副本存储在不同的物理节点上，确保一个节点发生故障时，其他节点的数据仍然可用。

（2）自动故障转移：配置自动故障转移机制，当主节点发生故障时，系统会自动切换到备用节点。故障转移机制依赖于实时监控和健康检查，确保在故障发生时能够快速响应。

（3）多区域部署：在多个地理区域部署数据库实例，确保一个区域发生故障时，其他区域的实例仍然可用。多区域部署可以提高系统的容灾能力，确保在发生自然灾害或区域性故障时，服务仍然可用。

（4）定期备份：定期对数据进行备份，确保数据丢失或损坏时能够快速恢复。备份数据存储在异地，确保本地发生灾难时备份数据仍然可用。备份策略包括全量备份和增量备份，确保数据的完整性和一致性。

4. 参考答案

为确保云数据库的安全性，可以采取以下策略。

（1）数据加密：在传输和存储过程中对数据进行加密，确保数据的机密性和完整性。传输加密使用 SSL/TLS（Secure Socket Layer/Transport Layer Security），存储加密使用 AES（Advanced Encryption Standard）等强加密算法。

（2）身份验证：实施强身份验证机制，确保只有授权用户才能访问数据库。使用多因素认证提高身份验证的安全性，防止未经授权的访问。

（3）访问控制：配置细粒度的访问控制策略，确保用户只能执行被授权的操作。通过角色和权限管理限制用户的访问权限，确保最小权限原则。

（4）网络隔离：使用虚拟私有云和防火墙规则，隔离数据库与公共网络，防止未经授权的访问。配置网络安全组和访问控制列表，限制数据库的网络访问。

（5）安全审计：记录所有访问和操作行为，定期审计日志，发现和处理潜在的安全威胁。使用安全信息和事件管理工具实时监控和分析安全事件，及时响应和处理安全威胁。

5. 参考答案

数据备份和恢复方案如下。

（1）备份频率：根据数据的重要性和变化频率制订备份计划。通常建议每天进行增量备份，每周进行全量备份。增量备份只备份自上次备份以来发生变化的数据，全量备份会备份所有数据。

（2）存储位置：将备份数据存储在异地，确保本地发生灾难时，备份数据仍然可用。可以使用云存储服务，如 Amazon S3、Google Cloud Storage 等，确保备份数据的安全性和可用性。

（3）恢复步骤如下。

- 确定数据丢失或损坏的范围：分析数据丢失或损坏的原因和范围，确定需要恢复的数据。
- 从备份中恢复数据：使用备份工具将数据从备份中恢复到数据库。确保数据的一致性和完整性，避免数据冲突和重复。
- 验证恢复的数据：对恢复的数据进行验证，确保数据的完整性和一致性。进行必要的测试，确保系统能够正常运行。
- 记录恢复过程：记录恢复过程的每个步骤，分析产生问题的原因，制定防范措施，防止类似问题再次发生。定期演练数据恢复流程，确保实际发生数据丢失或损坏时，能够快速响应和处理。

12.4 本章小结

本章围绕云数据库的基本概念与关键功能展开，通过选择题、判断题等常规题型帮助读者扎实掌握云数据库的核心技术和服务模式；通过对 SaaS、PaaS、IaaS 等服务模式的深入探讨，以及云数据库在数据安全、自动备份、灾难恢复和性能优化等方面的应用，读者能够更加全面地理解云数据库在现代数据管理中的重要性。此外，本章还设置了应用题，要求读者能够针对实际的业务需求，应用云数据库技术设计出高可用性和安全性兼备的解决方案。

第 13 章 数据仓库和数据湖

数据仓库和数据湖作为现代数据管理和存储领域的前沿技术，正在全球范围内以其卓越的灵活性、无限的可扩展性和显著的成本效益，彻底改变企业和开发者对数据处理的认知。随着大数据、云计算和人工智能技术的迅猛发展，数据仓库和数据湖不仅成为支持现代应用开发的核心基础设施，满足了日益增长的对大数据量、复杂数据的处理需求以及对高可用性和灾难恢复能力的严格要求，而且通过提供灵活的数据存储解决方案、智能化的运维服务和无缝的扩展能力，极大地简化了数据管理工作。

数据仓库通过结构化的数据存储和高效的数据分析，帮助企业实现精准的商务智能和决策支持。数据湖则通过处理多样化的数据类型，支持大规模数据分析、机器学习和实时数据处理，使企业能够从海量数据中挖掘出更多的商业价值。

《数据库系统原理（微课版）》第 13 章“数据仓库和数据湖”介绍了数据仓库的概念以及数据仓库的不同发展阶段，并介绍了与数据仓库紧密相关的数据湖和湖仓一体。

13.1 基本知识点

《数据库系统原理（微课版）》第 13 章的学习重点是理解数据仓库和数据湖的概念和关键功能。需要掌握和了解的具体知识点如下。

- 掌握数据仓库和数据湖的定义，以及它们与传统数据存储解决方案的区别。
- 了解数据仓库和数据湖的现代架构和关键组件。
- 掌握数据仓库和数据湖的主要特性，如数据的自动备份、灾难恢复、数据加密、访问控制和自动扩展等，这些特性确保了数据仓库和数据湖的高可用性、安全性和灵活性，满足企业对数据管理的严格要求。

13.2 习题

13.2.1 单选题

1. 传统数据仓库的主要目标是什么？（　　）

A. 存储实时数据　　B. 提供历史数据分析

C. 备份数据　　D. 传输数据

2. 数据湖的主要优势是什么？（　　）

A. 仅处理结构化数据　　B. 低成本和高灵活性

C. 仅用于数据备份　　D. 仅用于数据传输

3. 在数据仓库中，ETL 过程的主要功能是什么？（　　）

A. 数据存储　　B. 数据传输

C. 数据提取、转换和加载　　D. 数据备份

4. 数据湖的架构通常包括哪些部分？（　　）

A. 数据存储层、数据处理层和数据访问层

B. 数据存储层和数据备份层

C. 数据传输层和数据共享层

D. 数据分析层和数据传输层

5. 数据仓库的主要应用场景是什么？（　　）

A. 实时数据处理　　B. 数据备份

C. 商务智能和数据分析　　D. 数据传输

6. 数据湖的主要特点是什么？（　　）

A. 起步成本高

B. 计算和存储不分离

C. 可以存储包含原始数据在内的任何数据

D. 只能保存结构化数据

13.2.2 多选题

1. 以下哪些是数据仓库架构的关键组件？（　　）

A. 数据提取、转换和加载（ETL）　　B. 数据存储

C. 数据处理框架　　D. 数据查询和分析

2. 数据湖的常见应用场景有哪些？（　　）

A. 大数据分析　　B. 机器学习和人工智能

C. 实时数据处理　　D. 数据备份

3. 数据仓库和数据湖的主要特性有哪些？（　　）

A. 数据自动备份　　B. 灾难恢复　　C. 数据加密　　D. 访问控制

4. 数据仓库和数据湖的性能优化策略有哪些？（　　）

A. 索引优化　　B. 查询性能调优

C. 资源管理　　D. 数据压缩

5. 数据湖架构的关键组件有哪些？（　　　）

A. 数据提取　　B. 数据存储　　C. 数据处理框架　　D. 数据访问层

6. 传统数据仓库和数据湖的主要应用场景有哪些？（　　　）

A. 商务智能　　B. 数据分析和报表　C. 决策支持系统　　D. 实时数据处理

13.2.3 判断题

1. 数据仓库只能处理结构化数据。（　　）
2. 数据湖可以处理结构化、半结构化和非结构化数据。（　　）
3. 数据仓库和数据湖都支持数据的自动备份和恢复。（　　）
4. 数据仓库的性能优化主要依赖于索引优化和查询性能调优。（　　）
5. 数据湖的主要优势是起步成本高，可以存储各种类型的数据。（　　）
6. 数据仓库和数据湖都需要进行数据加密和访问控制。（　　）
7. 传统数据仓库适用于实时数据处理。（　　）
8. 数据湖适用于大规模数据分析和处理。（　　）
9. 数据仓库和数据湖的架构完全相同。（　　）
10. 数据仓库和数据湖都可以用于商务智能（BI）应用。（　　）

13.2.4 填空题

1. 数据仓库是一种用于存储和管理________数据的系统。

2. ________是一种用于存储和管理各种不同类型数据的系统。

3. 数据仓库的架构通常包括数据提取、转换和加载（英文简称为________），数据存储以及数据查询和分析等关键组件。

4. 数据湖的架构通常包括数据存储层、数据处理层和数据________层等关键组件。

5. 数据仓库和数据湖的主要特性包括数据的________、________、________、________和________等。

6. 数据仓库的性能优化策略包括________、________和________。

7. 数据湖的性能优化策略包括________、________和使用高效的数据处理框架（如Spark）。

8. 数据仓库和数据库的主要区别在于，数据仓库主要用于________，而数据库主要用于________。

9. 数据仓库和数据湖的安全措施包括________、________、________、________和________。

10. 数据仓库和数据湖的高可用性通常通过________和________等机制实现。

13.2.5 简答题

1. 简述数据仓库的主要功能和应用场景。
2. 简述数据湖的主要优势和应用场景。
3. 解释数据仓库和数据湖的主要区别。

4. 简述数据仓库和数据湖的架构和关键组件。
5. 解释数据仓库和数据库的主要区别。
6. 简述数据仓库和数据湖的性能优化策略。
7. 解释数据仓库和数据湖的主要特性。
8. 简述数据仓库和数据湖的安全措施。

13.2.6 应用题

1. 假设你是一家零售公司的数据架构师，负责设计一个新的数据仓库系统，以支持公司的销售分析和决策制定。请描述以下内容。

（1）数据仓库的总体架构设计。

（2）数据仓库中的数据模型设计。

（3）如何确保数据仓库中数据的一致性和准确性。

2. 假设你的公司计划实施一个数据湖，以存储和处理不同来源的大规模数据。请描述以下内容。

（1）数据湖的总体架构设计，包括数据存储层、数据处理层和数据访问层。

（2）数据湖中的数据摄取和处理流程。

（3）如何管理和维护数据湖中的数据，以确保数据质量。

3. 假设你的公司正在评估是否需要将现有的数据库系统升级为数据仓库系统。请描述以下内容。

（1）数据仓库和传统数据库的主要区别。

（2）数据仓库在处理历史数据分析方面的优势。

（3）在什么情况下，企业应该选择数据仓库而不是传统数据库。

4. 假设你的公司处理大量敏感数据需要确保数据的安全性。请描述以下内容。

（1）数据仓库和数据湖的主要安全措施。

（2）如何实施数据加密和访问控制，以保证数据的机密性和完整性。

（3）如何进行安全审计和监控，以及时发现和处理潜在的安全威胁。

5. 假设你需要为公司的数据管理系统设计一个数据备份和恢复方案。请描述以下内容。

（1）数据备份的频率和策略，包括全量备份和增量备份。

（2）备份数据的存储位置和管理方法。

（3）数据恢复的步骤和流程，确保数据丢失或损坏时能够快速恢复。

13.3 习题答案与解析

13.3.1 单选题答案与解析

1. 答案：B

解析：传统数据仓库的主要目标是提供历史数据分析，用于支持决策制定等。

2. 答案：B

解析：数据湖的主要优势是低成本和高灵活性，可存储各种格式的数据。

3. 答案：C

解析：ETL 过程在数据仓库中的主要功能是数据提取、转换和加载。

4. 答案：A

解析：数据湖架构通常包括数据存储层、数据处理层和数据访问层。

5. 答案：C

解析：数据仓库的主要应用场景是商务智能和数据分析。

6. 答案：C

解析：数据湖的起步成本低，所以选项 A 是错误的；数据湖的计算和存储分离，所以选项 B 是错误的；数据湖可以存储包含原始数据在内的任何数据，所以选项 C 是正确的，D 是错误的。

13.3.2 多选题答案

1. 答案：A、B、C、D
2. 答案：A、B
3. 答案：A、B、C、D
4. 答案：A、B、C、D
5. 答案：A、B、C、D
6. 答案：A、B、C

13.3.3 判断题答案与解析

1. 答案：（√）

解析：数据仓库主要用于存储和管理结构化数据，支持复杂的数据查询和分析。

2. 答案：（√）

解析：数据湖能够处理各种类型的数据，包括结构化、半结构化和非结构化数据，提供更高的灵活性。

3. 答案：（×）

解析：数据仓库通常提供自动备份和恢复功能，确保数据安全性和可用性。然而，数据湖的备份功能取决于具体实现，某些数据湖（如基于 HDFS 或 Amazon S3 的简单实现）可能需要手动配置备份策略。

4. 答案：（√）

解析：数据仓库的性能优化策略包括索引优化和查询性能调优，以提高数据查询的效率。

5. 答案：（×）

解析：数据湖的主要优势是起步成本低，可以存储各种类型的数据。

6. 答案：（√）

解析：为了确保数据的安全性，数据仓库和数据湖都需要进行数据加密和访问控制。

7. 答案：（×）

解析：传统数据仓库主要用于历史数据分析和决策支持，不适用于实时数据处理。

8. 答案：（√）

9. 答案：（×）

解析：数据仓库和数据湖的架构不同。数据仓库架构的关键组件包括数据提取、数据转换和加载（ETL）、数据存储、数据处理框架、数据查询和分析，强调结构化数据和预定义模式；数据湖架构的关键组件包括数据摄取、数据存储、数据处理框架和数据访问层，强调原始数据存储和灵活处理。因此，二者架构并不相同。

10. 答案：（√）

解析：数据仓库和数据湖都可以用于商务智能（BI）应用，支持数据分析和决策制定。

13.3.4 填空题答案

1. 结构化
2. 数据湖
3. ETL
4. 访问
5. 自动备份，灾难恢复，数据加密，访问控制，自动扩展（答案顺序可调换）
6. 索引优化，查询性能调优，资源管理（答案顺序可调换）
7. 数据分区，数据压缩
8. 数据分析，事务处理
9. 数据加密，身份验证，访问控制，网络隔离，安全审计（答案顺序可调换）
10. 数据冗余，自动故障转移（答案顺序可调换）

13.3.5 简答题参考答案

1. 参考答案

数据仓库的主要功能包括数据的存储、管理和分析。它通过数据提取、转换和加载（ETL）过程，将来自不同数据源的数据整合到一个统一的存储库中，支持复杂的数据查询和分析。数据仓库的应用场景包括商务智能（BI）、数据分析和报表、决策支持系统（DSS）等。

2. 参考答案

数据湖的主要优势在于其灵活性和可扩展性。它能够处理结构化、半结构化和非结构化数据，支持大规模数据存储和实时数据处理。数据湖的应用场景包括大数据分析、机器学习和人工智能、实时数据处理等。

3. 参考答案

数据仓库主要用于存储和管理结构化数据，支持复杂的数据查询和分析，适用于商务智能和决策支持系统。数据湖则能够处理各种类型的数据，包括结构化、半结构化和非结构化数据，适用于大数据分析和实时数据处理。数据仓库强调数据的一致性和准确性，而数据湖则强调数据的灵活性和可扩展性。

4. 参考答案

数据仓库的架构通常包括以下关键组件。

（1）数据提取、转换和加载（ETL）：从数据源抽取数据并进行清洗和转换。

（2）数据存储：存储结构化数据，通常包括事实表和维度表。

（3）数据处理框架：支持数据整合和计算。

（4）数据查询和分析：提供报表和分析功能。

数据湖的架构通常包含以下关键组件。

（1）数据摄取：采集原始数据，支持多种来源和格式。

（2）数据存储：存储结构化数据，通常为原始格式。

（3）数据处理框架：支持批处理和实时处理（如 Hadoop、Spark）。

（4）数据访问层：提供查询和分析接口。

5. 参考答案

数据仓库主要用于历史数据分析和决策支持，存储大量的历史数据，支持复杂的查询和分析。数据库主要用于事务处理和实时数据管理，支持高频率的数据读写操作。数据仓库的数据模型通常是星型模型或雪花模型，而数据库的数据模型通常是关系模型。

6. 参考答案

数据仓库的性能优化策略包括索引优化、查询性能调优和资源管理。通过创建适当的索引，可以加快数据查询的速度。查询性能调优包括优化 SQL 查询语句和使用查询优化器。资源管理包括合理分配计算和存储资源，确保系统的高效运行。数据湖的性能优化策略包括数据分区、数据压缩和使用高效的数据处理框架，如 Apache Spark 和 Flink。

7. 参考答案

数据仓库和数据湖的主要特性包括数据自动备份、灾难恢复、数据加密、访问控制和自动扩展等。自动备份和灾难恢复确保数据的安全性和可用性。数据加密和访问控制确保数据的机密性和完整性。自动扩展允许系统根据负载情况自动增加或减少资源，确保系统的高效运行。

8. 参考答案

数据仓库和数据湖的安全措施包括数据加密、身份验证、访问控制、网络隔离和安全审计等。数据在传输和存储过程中都进行加密，确保数据的机密性和完整性。身份验证和访问控制确保只有授权用户才能访问数据。网络隔离通过虚拟私有云（VPC）和防火墙规则隔离数据库与公共网络。安全审计记录所有访问和操作行为，定期审计日志，发现和处理潜在的安全威胁。

13.3.6 应用题参考答案

1. 参考答案

（1）总体架构设计：采用经典的数据仓库架构，包括以下关键组件。

数据源层：从零售公司的交易系统、CRM 系统等提取数据。

ETL（数据提取、转换、加载）层：负责数据抽取、清洗和加载到数据仓库。

数据存储层：核心数据仓库，包含事实表（如销售事实表）和维度表（如时间、产品、门店维度）。

数据处理框架层：使用工具（如 Apache Spark 或 SQL 引擎）进行数据整合和计算。

数据查询和分析层：包括数据集市（为销售部门提供汇总数据）和报表/分析工具（如 BI 工具）。

（2）数据模型设计：数据仓库中的数据模型包括事实表和维度表。维度表包含描述性属性（如时间、产品、客户、地区等），通常用于数据筛选和分组。事实表包含定量信息（如销售额、交易量、成本等），这些信息通过外键与维度表关联。

（3）确保数据一致性和准确性的方法：确保数据仓库中数据的一致性和准确性需要严格的数据清洗和转换过程。ETL 过程中的数据验证和校验步骤可以帮助识别和纠正数据中的错误。定期的数据质量检查和监控也有助于维护数据的一致性和准确性。

2. 参考答案

（1）总体架构设计：数据湖的总体架构包括数据存储层、数据处理层和数据访问层。数据存储层使用分布式存储系统（如 HDFS 或 Amazon S3）存储各种类型的数据，数据处理层使用数据处理框架（如 Apache Spark 或 Flink）进行数据处理和分析，数据访问层提供数据查询和访问接口。

（2）数据摄取和处理流程：数据湖中的数据摄取流程包括从多个数据源摄取数据，进行数据清洗和转换，然后存储到数据湖中。数据处理流程包括使用数据处理框架进行数据分析和处理，生成分析结果和报告。

（3）数据质量管理：管理和维护数据湖中的数据需要建立数据质量标准和规则，进行数据质量检查和监控。数据清洗和转换过程中的数据验证和校验步骤可以帮助识别和纠正数据中的错误。定期的数据质量审计和评估也有助于维护数据的高质量。

3. 参考答案

（1）数据仓库和数据库的主要区别：数据仓库主要用于历史数据分析和决策支持，存储大量的历史数据，支持复杂的查询和分析。数据库主要用于事务处理和实时数据管理，支持高频率的数据读写操作。数据仓库的数据模型通常是星型模型或雪花模型，而数据库的数据模型通常是关系模型。

（2）数据仓库在处理历史数据分析方面的优势：数据仓库通过 ETL 过程将数据从多个来源提取、转换和加载到一个统一的存储库中，提供一致、可靠的数据源。数据仓库支持复杂的查询和分析，能够处理大规模数据，生成详细的分析报告和商务智能（BI）应用。

（3）选择数据仓库的情况：企业在需要进行历史数据分析、生成商务智能报告和制定决策时，应该选择数据仓库。数据仓库能够提供一致、可靠的数据源，支持复杂的查询和分析，帮助企业做出数据驱动的决策。

4. 参考答案

（1）主要安全措施：数据仓库和数据湖的主要安全措施包括数据加密、身份验证、访问控制、网络隔离和安全审计。数据在传输和存储过程中都进行加密，确保数据的机密性和完整性。身份验证和访问控制确保只有授权用户才能访问数据。网络隔离通过虚拟私有云和防火墙规则隔离数据库与公共网络。安全审计记录所有访问和操作行为，定期审计日志，发现和处理潜在的安全威胁。

（2）数据加密和访问控制：数据加密在数据传输和存储过程中保证数据的机密性和完整性。传输加密使用 SSL/TLS，存储加密使用 AES 等强加密算法。访问控制通过身份验证和权限管理，确保只有授权用户才能访问数据。多因素认证可以提高身份验证的安全性，防止未经授权的访问。

（3）安全审计和监控：安全审计记录所有访问和操作行为，定期审计日志，发现和处理潜在的安全威胁。使用安全信息和事件管理工具实时监控和分析安全事件，及时响应和处理安全威胁。

5. 参考答案

（1）备份频率和策略：数据备份的频率和策略根据数据的重要性和变化频率制定。通常建议每天进行增量备份，每周进行全量备份。增量备份只备份自上次备份以来发生变化的数据，全量备份会备份所有数据。

（2）备份数据的存储位置和管理方法：备份数据存储在异地，确保本地发生灾难时备份数据仍然可用。可以使用云存储服务（如 Amazon S3、Google Cloud Storage 等），确保备份数据的安全性和可用性。备份数据应定期检查和验证，确保数据的完整性和可恢复性。

（3）数据恢复的步骤和流程：数据恢复的步骤和流程包括确定数据丢失或损坏的范围、从备份中恢复数据、验证恢复的数据、记录恢复过程。确定数据丢失或损坏的范围，分析数据丢失或损坏的原因，确定需要恢复的数据。使用备份工具将数据从备份中恢复到数据库，确保数据的一致性和完整性。对恢复的数据进行验证，确保数据的完整性和一致性。记录恢复过程的每个步骤，分析产生问题的原因，制定防范措施，防止类似问题再次发生。定期演练数据恢复流程，确保实际发生数据丢失或损坏时，能够快速响应和处理。

13.4 本章小结

本章围绕数据仓库和数据湖的核心概念展开，通过选择题、判断题、填空题与简答题等多种题型，帮助读者系统掌握两者在大数据处理和存储中的应用。本章还通过应用题引导读者深入分析数据仓库与数据湖的架构差异、关键技术及其应用场景，提升实际数据管理能力。

第 14 章 SQL 与大数据

随着大数据时代的到来，结构查询语言（Structure Query Language，SQL）和大数据技术逐渐走向融合。SQL 通过其强大的数据查询和管理能力，帮助企业实现精准的商务智能和决策支持。而大数据技术则通过处理大规模、多样化的数据类型，支持大规模数据分析、机器学习和实时数据处理，使企业能够从海量数据中挖掘出更多的商业价值。

《数据库系统原理（微课版）》第 14 章“SQL 与大数据”介绍了提供 SQL 支持的具有代表性的大数据技术，包括 Hive、Spark SQL、Flink SQL 和 Phoenix 等。

14.1 基本知识点

《数据库系统原理（微课版）》第 14 章的学习重点是深入理解 SQL 与大数据在现代数据管理和分析中的重要关系。需要掌握和了解的知识点具体如下。

- 掌握 SQL 与大数据的基本定义及其在数据处理中扮演的角色。
- 了解 SQL 与大数据的历史演变和发展趋势。
- 了解提供 SQL 支持的相关大数据技术的架构和技术原理。

14.2 习题

14.2.1 单选题

1. SQL 的主要功能是什么？（　　）

   A. 图像处理　　B. 数据查询和管理

   C. 网络安全　　D. 文件传输

2. 在大数据处理框架中，Hive 的主要作用是什么？（　　）

   A. 数据备份　　B. 提供类似于 SQL 的查询语言

   C. 图像处理　　D. 网络监控

3. Spark SQL 是什么？（　　）
   A. 一种关系数据库
   B. Spark 的一个模块，允许用户使用 SQL 查询结构化数据
   C. 一种编程语言
   D. 一种数据存储设备
4. 大数据的 4 个特性不包括以下哪项？（　　）
   A. Volume（数据量大）　　B. Velocity（处理速度快）
   C. Variety（数据类型繁多）　　D. Value（价值密度高）
5. 在大数据环境中，SQL 的应用之一是什么？（　　）
   A. 仅用于数据备份　　B. 进行复杂的数据查询和分析
   C. 仅用于本地存储　　D. 仅处理非结构化数据
6. Hadoop 的主要功能是什么？（　　）
   A. 数据备份　　B. 存储和处理大规模数据集
   C. 图像处理　　D. 文件传输

14.2.2 多选题

1. 大数据的“4V”特性包括哪些？（　　）
   A. Volume（数据量大）　　B. Velocity（处理速度快）
   C. Variety（数据类型繁多）　　D. Value（价值密度低）
   E. Value（价值密度高）
2. 在大数据处理中，常用的技术和工具包括哪些？（　　）
   A. Hadoop　　B. Spark　　C. Photoshop　　D. Hive
3. SQL 在大数据环境中的应用场景包括哪些？（　　）
   A. 数据查询　　B. 数据备份　　C. 数据分析　　D. 图像处理
4. 大数据技术的主要优势包括哪些？（　　）
   A. 高可扩展性　　B. 高灵活性　　C. 高安全性　　D. 高成本
5. 以下哪些是 Spark 的主要功能？（　　）
   A. 批处理　　B. 流处理　　C. 图像处理　　D. 机器学习
6. 在大数据环境中，数据处理面临的常见挑战包括哪些？（　　）
   A. 数据量大　　B. 数据处理速度慢
   C. 数据类型多样　　D. 数据存储成本高

14.2.3 判断题

1. Hadoop 是一种关系数据库。（　　）
2. SQL 可以用于大数据环境中的数据查询和分析。（　　）
3. Spark SQL 是一个允许使用 SQL 查询结构化数据的模块。（　　）
4. Hive 只能在本地环境中运行。（　　）
5. Hive 提供类似于 SQL 的查询语言，用于在 Hadoop 上进行数据查询和分析。（　　）
6. 大数据技术能够处理和分析超大规模、复杂的数据集。（　　）

7. 云计算提供无限的计算和存储资源，使大数据处理更加高效和灵活。(　　)
8. SQL 只能用于结构化数据的查询和管理。(　　)
9. Spark 可以进行批处理和流处理。(　　)
10. Presto 是一个分布式 SQL 查询引擎。(　　)

14.2.4 填空题

1. SQL 的英文全称是________。
2. Spark 的核心组件包括 Spark Core、________、________、________和________。
3. 流计算可以实现对大规模数据集的________处理。
4. Structured Streaming 是一种基于________引擎构建的流处理引擎。
5. Hive 主要由 3 个模块构成，包括________、________和________。
6. 大数据处理中的 ETL 过程包括________、________和________。
7. Flink SQL 底层使用________框架，将标准的 Flink SQL 语句解析并转换成底层的算子处理逻辑。
8. Phoenix 是构建在________上的一个 SQL 层，是内嵌在 HBase 中的 JDBC 驱动，能够让用户使用标准的 JDBC 来操作 HBase。

14.2.5 简答题

1. 简述 SQL 在大数据环境中的应用。
2. 什么是大数据的 ETL 过程？
3. 简述 Hadoop 生态系统中的主要组件及其功能。
4. Spark SQL 与传统 SQL 的区别是什么？
5. 简述大数据技术在实时数据处理中的应用。
6. 什么是 NoSQL 数据库？列举两种常见的 NoSQL 数据库及其应用场景。
7. 简述云计算在大数据处理中的优势。
8. 简述大数据在商务智能（BI）中的应用。

14.2.6 应用题

1. 设计一个基于 SQL 和大数据技术的数据分析系统，描述其架构和关键组件，并解释每个组件的功能。
2. 设计一个实时数据处理系统，描述其架构和关键组件，并解释每个组件的功能。
3. 设计一个基于大数据技术的推荐系统，描述其架构和关键组件，并解释每个组件的功能。

14.3 习题答案与解析

14.3.1 单选题答案与解析

1. 答案：B

解析：SQL（Structure Query Language，结构查询语言）主要用于数据查询和管理，是一种用于管理关系数据库的标准语言。它不能用于图像处理、网络安全或文件传输。

2. 答案：B

解析：Hive是建立在Hadoop之上的数据仓库工具，它提供了类似于SQL的查询语言HiveQL，使用户可以使用熟悉的SQL语法来查询和分析存储在Hadoop分布式文件系统中的大规模数据。Hive不用于数据备份、图像处理或网络监控。

3. 答案：B

解析：Spark SQL是Spark的一个模块，它允许用户使用SQL查询结构化数据，同时支持通过编程语言（如Python、Scala和Java）来操作数据。Spark SQL不是一种关系数据库、编程语言或数据存储设备。

4. 答案：D

解析：大数据的4个特性包括Volume（数据量大）、Velocity（处理速度快）、Variety（数据类型繁多）、Value（价值密度低）。第4个特性是价值密度低，不是价值密度高，所以选项D是错误的。

5. 答案：B

解析：在大数据环境中，SQL可以用于进行复杂的数据查询和分析。它可以用于关系数据库，通过工具（如Hive和Spark SQL）在大数据平台上进行查询和分析。SQL不仅仅用于数据备份、本地存储或处理非结构化数据。

6. 答案：B

解析：Hadoop是一个开源的分布式计算平台，主要用于存储和处理大规模数据集。它不用于数据备份、图像处理或文件传输。

14.3.2 多选题答案与解析

1. 答案：A、B、C、D

解析：大数据的“4V”特性包括Volume（数据量大），指数据规模巨大；Velocity（处理速度快），指数据产生和处理的速度快；Variety（数据类型繁多），指数据类型多样，包括结构化、半结构化和非结构化数据；Value（价值密度低），指大量数据中可能只有一部分是有价值的数据。

2. 答案：A、B、D

解析：在大数据处理中，常用的技术和工具包括Hadoop（用于分布式存储和处理大规模数据）、Spark（用于快速的大数据处理和分析）、Hive（用于在Hadoop上进行数据查询和分析）。Photoshop是一种图像处理工具，不是大数据处理工具。

3. 答案：A、C

解析：SQL在大数据环境中的应用场景包括数据查询和数据分析。它可以用于从大数据存储系统中提取数据进行查询和分析，但不适用于数据备份和图像处理。

4. 答案：A、B

解析：大数据技术的主要优势包括高可扩展性，可以随着数据量的增加而扩展；高灵活性，可以处理各种类型的数据和分析需求。大数据技术不一定具有高安全性，而且大数据处理通常需要考虑成本效益，但不一定是高成本。

5. 答案：A、B、D

解析：Spark的主要功能包括批处理，用于大规模数据的离线处理；流处理，用于实时数据的处理；机器学习，提供了机器学习库 MLlib。Spark 并非主要用于图像处理。

6. 答案：A、B、C、D

解析：在大数据环境中，数据处理面临的常见挑战包括数据量大，需要高效的存储和处理技术；数据处理速度慢，需要提高数据处理的效率；数据类型多样，需要能够处理不同类型的数据；数据存储成本高，需要优化存储策略以降低成本。

14.3.3 判断题答案与解析

1. 答案：（×）

解析：Hadoop 是一种开源的大数据处理框架，而不是关系数据库。

2. 答案：（√）

解析：SQL 在大数据环境中广泛应用，通过 Hive、Spark SQL 等工具，可以对大规模数据集进行数据查询和分析。

3. 答案：（√）

解析：Spark SQL 是 Spark 的一个模块，允许使用 SQL 查询结构化数据。

4. 答案：（×）

解析：Hive 不仅可以在本地环境中运行，还可以在云环境中运行，支持分布式计算。

5. 答案：（√）

6. 答案：（√）

解析：大数据技术能够处理和分析超大规模、复杂的数据集，适用于处理多样化的数据类型，且满足实时数据处理需求。

7. 答案：（√）

解析：云计算提供无限的计算和存储资源，使大数据处理更加高效和灵活，能够满足大规模数据处理的需求。

8. 答案：（×）

解析：SQL 不仅可以用于结构化数据的查询和管理，还可以通过大数据工具处理半结构化和非结构化数据。

9. 答案：（√）

解析：Spark 可以进行批处理和流处理，支持多种数据处理模式。

10. 答案：（√）

解析：Presto 是一个分布式 SQL 查询引擎，支持在大规模数据集上进行交互式查询。

14.3.4 填空题答案

1. Structure Query Language
2. Spark SQL，Spark Streaming，GraphX，MLlib（答案顺序可以调换）
3. 实时
4. Spark SQL
5. 用户接口模块，驱动模块，元数据存储模块（答案顺序可以调换）
6. 数据抽取，数据转换，数据加载

7. Apache Calcite
8. HBase

14.3.5 简答题参考答案

1. 参考答案

SQL 在大数据环境中应用广泛，通过 Hive、Spark SQL 等工具，可以对大规模数据集进行数据查询和分析。这使得数据分析人员能够轻松上手大数据处理。

2. 参考答案

ETL 过程包括数据抽取（Extract）、数据转换（Transform）和数据加载（Load）。它是将数据从多个源系统提取出来，经过清洗、转换后加载到目标数据仓库或数据湖中的过程。

3. 参考答案

Hadoop 生态系统中的主要组件包括 HDFS（Hadoop 分布式文件系统，用于存储大规模数据）、MapReduce（分布式计算框架，用于处理大规模数据）、YARN（资源管理框架，用于管理集群资源）以及 Hive、Pig 等数据处理工具。

4. 参考答案

Spark SQL 是 Spark 的一个模块，允许用户使用 SQL 查询结构化数据，支持批处理和流处理。相比传统 SQL，Spark SQL 具有更快的处理速度和更高的扩展性，适用于大规模数据处理。

5. 参考答案

大数据技术在实时数据处理中的应用包括使用流处理框架（如 Apache Flink、Spark Streaming）处理实时数据流，支持实时分析和决策。例如，实时监控系统可以使用这些技术处理和分析传感器数据，提供实时报警和响应。

6. 参考答案

NoSQL 数据库是一种非关系数据库，用于存储大规模、非结构化或半结构化数据。常见的 NoSQL 数据库包括 MongoDB（文档数据库，适用于内容管理系统）和 Cassandra（列族数据库，适用于高可用性和高扩展性的分布式系统）等。

7. 参考答案

云计算提供了无限的计算和存储资源，使大数据处理更加高效和灵活。云计算平台提供多种大数据处理工具和服务，支持大规模数据处理和分析，降低了企业的 IT 成本和运维复杂度。

8. 参考答案

大数据在商务智能（BI）中的应用包括使用大数据技术收集、存储和分析企业的运营数据，生成可视化报表和仪表盘，支持决策分析和业务优化。例如，零售企业可以通过大数据分析顾客的购买行为，优化库存管理和营销策略。

14.3.6 应用题参考答案

1. 参考答案

一个典型的数据分析系统架构包括数据源，数据抽取、转换和加载（ETL），数据存储，数据处理和分析，数据可视化和报告等组件。

（1）数据源：包括关系数据库、NoSQL 数据库、文件系统、API 等。

（2）数据抽取、转换和加载（ETL）：从数据源抽取数据，经过清洗、转换后加载到数据仓库或数据湖中。

（3）数据存储：使用数据仓库（如 Amazon Redshift）或数据湖（如 Azure Data Lake）存储数据。

（4）数据处理和分析：使用大数据处理框架（如 Apache Spark）对数据进行处理和分析。

（5）数据可视化和报告：使用数据可视化工具（如 Tableau、Power BI）展示分析结果，生成报告。

2. 参考答案

一个典型的实时数据处理系统架构包括数据源、数据流处理、数据存储和数据可视化等组件，具体如下。

（1）数据源：包括传感器、日志文件、消息队列（如 Kafka）等。

（2）数据流处理：使用实时数据处理框架（如 Apache Flink、Spark Streaming）处理数据流。

（3）数据存储：使用 NoSQL 数据库（如 Cassandra）或内存数据库（如 Redis）存储处理后的数据。

（4）数据可视化：使用数据可视化工具（如 Grafana）展示实时数据分析结果。

3. 参考答案

一个基于大数据技术的推荐系统架构包括数据收集、数据存储、数据处理、推荐算法和推荐展示等组件。

（1）数据收集：从用户行为、购买历史、浏览记录等数据源收集数据。

（2）数据存储：使用分布式存储系统（如 HDFS、Amazon S3）存储收集到的用户数据。

（3）数据处理：使用大数据处理框架（如 Apache Spark）对数据进行清洗、转换和分析。

（4）推荐算法：使用机器学习算法（如协同过滤、内容推荐）生成个性化推荐。

（5）推荐展示：将推荐结果通过应用界面或网页展示给用户，提供个性化的用户体验。

14.4 本章小结

本章聚焦于 SQL 与大数据的关键内容，采用选择题、判断题、填空题以及简答题等丰富的题型，助力读者深入领会 SQL 在大数据领域的重要地位和应用方式。本章还精心设置了应用题，促使读者认真思考 SQL 在大数据场景下的独特之处、核心技术以及其适用的各类应用场景，增强读者运用 SQL 进行大数据管理的实际能力。